Fondations et procédés d'amélioration du sol

Guide d'application de l'Eurocode 8 (parasismique)

Victor Davidovici

Serge Lambert

Fondations et procédés d'amélioration du sol

Guide d'application de l'Eurocode 8 (parasismique)

EYROLLES

ÉDITIONS EYROLLES
61, bd Saint-Germain
75240 Paris Cedex 05
www.editions-eyrolles.com

AFNOR ÉDITIONS
11, rue Francis-de-Pressensé
93571 La Plaine Saint-Denis Cedex
www.boutique-livres.afnor.org

Le programme des Eurocodes structuraux comprend les normes suivantes, chacune étant en général constituée d'un certain nombre de parties :

EN 1990 Eurocode 0 : Bases de calcul des structures
EN 1991 Eurocode 1 : Actions sur les structures
EN 1992 Eurocode 2 : Calcul des structures en béton
EN 1993 Eurocode 3 : Calcul des structures en acier
EN 1994 Eurocode 4 : Calcul des structures mixtes acier-béton
EN 1995 Eurocode 5 : Calcul des structures en bois
EN 1996 Eurocode 6 : Calcul des structures en maçonnerie
EN 1997 Eurocode 7 : Calcul géotechnique
EN 1998 Eurocode 8 : Calcul des structures pour leur résistance aux séismes
EN 1999 Eurocode 9 : Calcul des structures en aluminium

Les normes Eurocodes reconnaissent la responsabilité des autorités réglementaires dans chaque État membre et ont sauvegardé le droit de celles-ci de déterminer, au niveau national, des valeurs relatives aux questions réglementaires de sécurité, là où ces valeurs continuent à différer d'un État à un autre.

© Afnor et Groupe Eyrolles, 2013
ISBN Afnor : 978-2-12-465434-5
ISBN Eyrolles : 978-2-212-13831-3

Table des matières

Préface

Enfin ! Tel est le premier mot qui me vint à l'esprit en découvrant ce guide.

Oui, *enfin* un ouvrage dédié à la géotechnique et aux fondations en zone sismique.

Certes, ma connaissance de la littérature en ce domaine est loin d'être parfaite mais il faut bien reconnaître que cet aspect du génie parasismique est le plus souvent ignoré des ouvrages techniques sur ce sujet ou, tout au plus, traité de façon secondaire.

Dans le meilleur des cas, il est avant tout question d'applications ou de considérations destinées plutôt aux grands ouvrages de génie civil ; *exit* la géotechnique commune, celle dont est pourtant faite 90 % de l'activité des BET, celle qui impose des réponses précises à des questions complexes, dans un contexte où l'on est d'une part dépourvu de moyens techniques importants et, de l'autre, contraint d'interpréter la réglementation.

Voilà donc une lacune de comblée grâce à cet ouvrage pratique et complet dans lequel on trouvera des éléments de réponse concrets et adaptés à tout projet. Il s'inscrit dans une collection de guides d'application de l'EC8 dont le premier, *Pratique du calcul sismique,* a certainement dû retenir l'attention de bon nombre d'intervenants et de BET dans le domaine du génie parasismique.

Les auteurs – Victor Davidovici, expert en génie parasismique que l'on ne présente plus, associé ici à Serge Lambert, directeur technique France de la société Keller – proposent ici non seulement une lecture approfondie de l'EC8, mais aussi une description complète des différents systèmes de fondations utilisables en zone sismique.

Il faut souligner que, pour la première fois, les techniques d'amélioration et de renforcement des sols sont évoquées, leur mise en œuvre clairement exposée et les inconvénients et avantages de chacune d'elles analysés dans le cadre d'une utilisation en zone sismique.

Une large part est également accordée à l'explication des phénomènes physiques sous sollicitations sismiques et au comportement dynamique des sols en général. Rien ne sert, en effet, de détailler un code de dimensionnement si les théories d'analyse à l'origine des règles et formulations proposées ne sont ni connues ni comprises.

Je garderai toujours en mémoire les mots de l'un de mes professeurs, Pierre Antoine, incomparable promoteur de la géologie appliquée aux ouvrages : il ne cessait de nous répéter que l'essentiel en géotechnique est de « prendre du recul », de ne pas aller immédiatement et uniquement au détail, mais d'évaluer un problème en l'observant d'abord à grande échelle pour analyser son contexte. Ce principe a parfaitement été respecté dans ce guide. Pour chaque élément traité, on retrouvera une explication claire et concrète du phénomène initiateur, fréquemment illustrée de schémas explicatifs très pédagogiques, l'image étant bien souvent le meilleur vecteur de propagation d'une idée.

Cet ouvrage est par ailleurs complété d'un certain nombre d'annexes techniques et pratiques d'une grande utilité.

L'annexe A, relative aux essais de sols, reflète particulièrement bien la ligne directrice du livre : *l'explication* comme vecteur de diffusion et de compréhension. S'il fallait un exemple, la détermination du module G, nécessaire au dimensionnement des fondations, est assez significatif. Nous avons tous vu de nombreuses fois la courbe de variation de G en fonction du niveau de déformation du sol, sans réellement appréhender la difficulté à obtenir la valeur de G adaptée à un projet particulier en fonction du type d'essai utilisé pour sa détermination. La brève annexe consacrée à ce sujet suffit à lui donner un éclairage très pratique.

Ces quelques mots sauront, je l'espère, convaincre les professionnels, comme les étudiants, de considérer ce guide sur les sols et fondations en zone sismique comme un ouvrage incontournable dans une bibliothèque technique.

Thierry Vassail

Ingénieur géotechnicien

Spécialiste national Conception parasismique au Bureau Veritas

Préambule

Depuis le sol « moteur », l'action sismique est transmise à la structure par l'intermédiaire des fondations. L'analyse de la structure doit prendre en compte, si nécessaire, **[EC8-1/2.2.4.1-(4) P]** l'influence de la déformabilité du sol et des fondations en considérant l'interaction sol-structure (ISS). Cette interaction doit être observée tant par l'effet favorable que par celui défavorable **[EC8-1/4.3.1-(9)P]**.

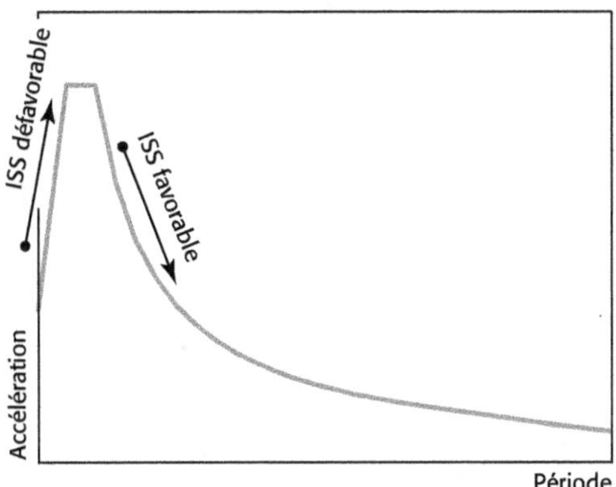

Influence de la prise en compte de l'ISS

Il est également nécessaire de souligner que les conséquences d'une classification inadaptée sont plus significatives avec l'Eurocode 8 (voir annexe B) qu'avec les anciennes règles dites PS 92 (norme NFP 06-013,1995), car les spectres sont plus contrastés en valeur d'accélération entre les différentes classes de sol.

CHAPITRE 1

Comportement dynamique du sol

En zone sismique, il appartient aux concepteurs de tenir compte des points suivants :

- les caractéristiques de sol dans la gamme de déformations représentative de la sollicitation sismique, à savoir 10^{-6} à 10^{-4}, ce qui n'est pas la gamme des essais géotechniques in situ et de laboratoire couramment employés (voir figure 1.1) ;
- une déformation sismique du sol (effet cinématique) ;
- un risque de liquéfaction des sols ;
- l'amplification du mouvement sismique lié à un effet de site ;
- l'instabilité des pentes ;
- la proximité des failles actives ;
- les tassements excessifs des sols sous sollicitations cycliques.

1.1 Caractéristiques des sols

1.1.1 Le module de cisaillement G et l'amplitude de la déformation de cisaillement

Les modules de déformation dépendent de l'amplitude de la déformation. Les ordres de grandeur des déformations pour les ouvrages sont en moyenne compris entre 10^{-4} et 10^{-2} alors que les essais classiques (pénétromètre, œdomètre, triaxiaux classiques) donnent des modules représentatifs de déformation supérieure à 10^{-2}.

La figure 1.1 ([102] Reiffsteck, 2002) ci-dessous résume la courbe donnant la dégradation du module en fonction du niveau de déformation, ainsi que les gammes de déformations mises en jeu dans les essais (laboratoire ou *in situ*) ou rencontrées dans les ouvrages géotechniques.

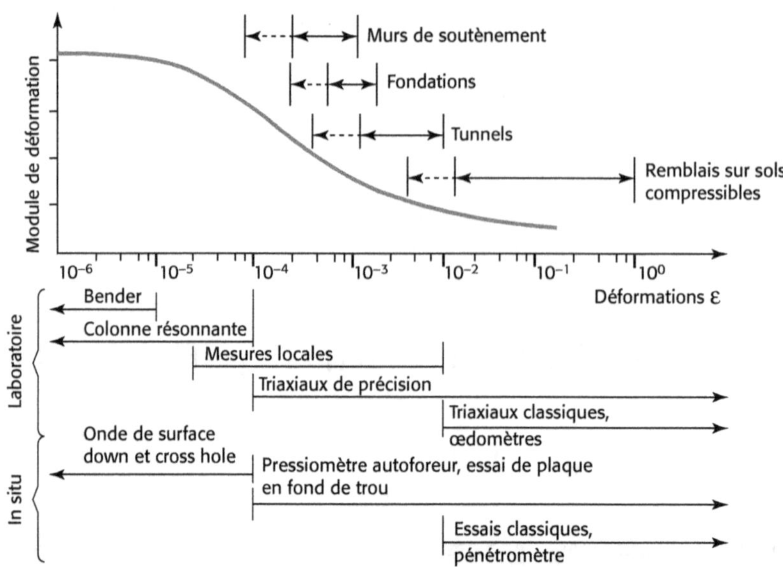

Figure 1.1 Zone d'utilisation des essais de sol pour la détermination des modules de déformation en fonction des ouvrages (Reiffsteck, 2002)

Pour le calcul d'ouvrages sous l'action du séisme, la connaissance du module de cisaillement G dans la gamme de déformations 10^{-4} et 10^{-6} est nécessaire de même que l'amortissement ξ.

La reconnaissance de sol à partir des essais in situ doit être complétée par une campagne plus détaillée permettant de mesurer les paramètres à faibles déformations du sol :

- essai cross-hole, méthode MASW (Multichannel Analysis Surface Wave), SASW (Spectral Analysis of Surface Waves) ;
- toute autre méthode permettant d'obtenir des vitesses de propagation d'ondes à l'échelle de l'ouvrage : essai à la colonne résonante, essai au triaxial dynamique, etc.

La terminologie « module dynamique » ou « module statique » est impropre pour les sols, car la différence de valeur de ces deux modules ne provient que du niveau de déformation et non pas de l'effet statique ou cyclique de la sollicitation exercée.

La figure 1.2 met en évidence un seuil de déformation au-dessous duquel les valeurs de G sont relativement constantes, et égales à G_{max}. Pour des déformations supérieures à ce seuil, G diminue avec l'augmentation de la déformation, d'une manière non linéaire.

Les courbes de contrainte de cisaillement G en fonction de la déformation γ permettent de tracer la dégradation de G.

A défaut de mesure directe des paramètres dynamiques du sol, on pourra se référer au tableau 1.1 donnant le rapport de G/G_{max} en fonction de l'accélération du séisme et les corrélations du tableau 1.2.

Au sens de l'EN 1998-5 § 4.2.3 (2), le tableau 1.1 est proposé pour les classes de sol C ou D. Pour les autres classes de sol et à défaut de données spécifiques, on peut additionner ou soustraire l'écart-type entre parenthèses aux valeurs de V_s/V_{smax} et G/G_{max}.

L'ASCE 41-06 propose des facteurs de réduction pour les classes de sol A et B (figure 1.3 et tableau 1.2).

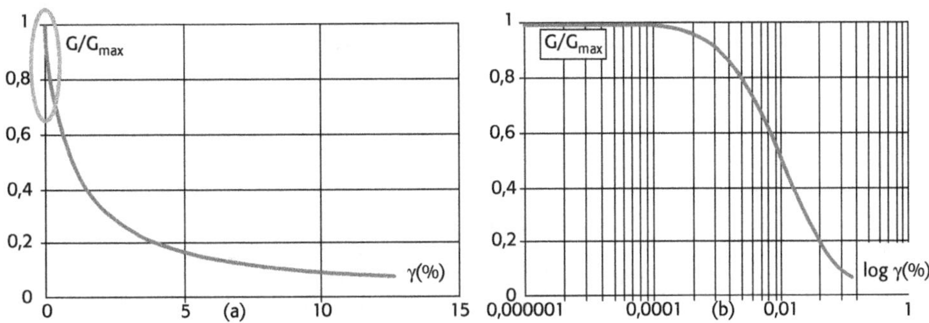

Figure 1.2 Représentation du module de déformation G en fonction de γ et $\log(\gamma)$

Tableau 1.1 Coefficients d'amortissement interne et de réduction du module de cisaillement pour les sols de classe C ou D (tableau 4.1 de l'EN 1998-5 [EC8-5/4.2.3-(3)])

Coefficients moyens d'amortissement de sol et coefficients de réduction ($\pm$ un écart type) pour la vitesse V_S des ondes de cisaillement et pour le module de cisaillement G, jusqu'à une profondeur de 20 m

Rapport d'accélération du sol, $\alpha \cdot S$	Coefficient d'amortissement max.	$V_S/V_{S,max}$	G/G_{max}
0,10	0,03	0,90 ($\pm$ 0,07)	0,80 ($\pm$ 0,10)
0,20	0,06	0,70 ($\pm$ 0,15)	0,50 ($\pm$ 0,20)
0,30	0,10	0,60 ($\pm$ 0,15)	0,36 ($\pm$ 0,20)

$V_{s,max}$ est la valeur moyenne de V_s à faibles déformations ($< 10^{-5}$), ne dépassant pas 360 m/s ;

G_{max} est le module de cisaillement moyen à faibles déformations.

Note : Les variations $\pm$ un écart-type permettent au concepteur d'introduire différents degrés de conservatisme selon des facteurs tels que la rigidité et la stratification du profil du sol. Il serait, par exemple, possible d'utiliser des valeurs de V_s/V_{smax} et de G/G_{max} supérieures à la moyenne pour des profils plus raides, et des valeurs de V_s/V_{smax} et G/G_{max} inférieures à la moyenne pour des profils plus mous.

1.1.2 Définition du degré d'amortissement

L'amortissement global de la structure sur support flexible inclut, d'une part, l'amortissement radiatif et, d'autre part, l'amortissement interne engendré à l'interface sol-fondation, en plus de l'amortissement associé à la superstructure. Il convient de considérer séparément l'amortissement interne, causé par le comportement inélastique du sol sous chargement cyclique, et l'amortissement radiatif, causé par la propagation des ondes sismiques à partir de la fondation **[EC8-5/3.2-(4)]**.

1.1.2.1 Amortissement interne

Il convient de mesurer l'amortissement interne du sol par des essais appropriés en laboratoire (colonne résonnante, par exemple) ou sur le terrain. À défaut de mesures directes, et si le

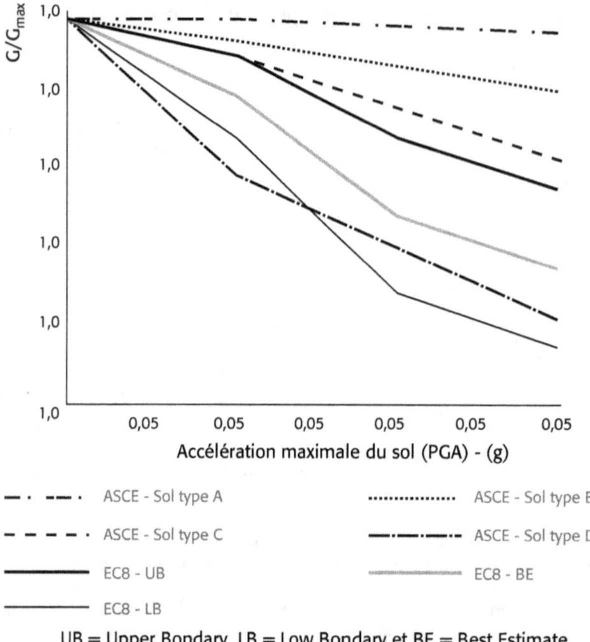

UB = Upper Bondary, LB = Low Bondary et BE = Best Estimate

Figure 1.3 Facteurs de réduction du module de cisaillement de l'ASCE

Tableau 1.2 Corrélations pour estimer le module de cisaillement G

Type d'essais *in situ*	Nature du sol	Corrélation	Auteurs	Unités
CPT	Sable (quartz)	$G_{max} = 1634.(q_c)^{0,250}.(\sigma'_v)^{0,375}$	Rix & Stokoe (1991)	kPa
CPT	Argile	$G_{max} = 406.(q_c)^{0.695}.e^{-1,130}$	Mayne & Rix (1993)	kPa
SPT	Sable	$G_{max} = 325.N_{60}^{0,68}$	Imai & Tonouchi(1982)	Kips/ft²
Contrainte	Sable	$G_{max} = K_{2,max} (\sigma'_m)^{0,5}$	Seed & Idriss (1970)	kPa $K_{2,max}$ fonction de l'indice des vides
Pressiomètre	Tout type de sol	**Forage préalable :** $G_{max} = 9$ à $12.E_M$ (compacité moyenne à très bonne) $G_{max} = 10$ à $15.E_M$ (compacité faible)		MPa
Pressiomètre	Tout type de sol	**Avec refoulement (pieu lanterné battu) :** $G_{max} = 6$ à $9.E_M$ (compacité moyenne à très bonne) $G_{max} = (\geq 9).E_M$ (compacité faible)		MPa

produit $a_g.S$ est inférieur à 0,1 g (c'est-à-dire inférieur à 0,98 m/s^2), il convient d'utiliser un coefficient d'amortissement de 3 %. Les sols structurés et cimentés ainsi que les roches tendres peuvent exiger un examen spécifique **[EC8-5/3.2-(7)]**.

Si le produit $a_g.S$ est égal ou supérieur à 0,1 g (c'est-à-dire égal ou supérieur à 0,98 m/s^2), et en l'absence de calculs spécifiques, il convient d'utiliser les coefficients d'amortissement interne indiqués dans le tableau 1.1.

1.1.2.2 Amortissement radiatif

Vis-à-vis de l'amortissement radiatif, il est bien connu que lors d'un chargement cyclique symétrique, la réponse du sol présente des cycles ou des boucles d'hystérésis comme dans la figure 1.4. Ces boucles représentent la quantité d'énergie de déformation emmagasinée par le sol lors du chargement. Une façon de quantifier cette énergie se fait par l'intermédiaire du coefficient d'amortissement ξ du sol défini par la relation (1.1) suivante :

$$\xi = \frac{\Delta W}{4.\pi.W} = \frac{\Delta W}{2\pi.G.\gamma a^2} \qquad (1.1)$$

ou

- ΔW correspond à l'aire intérieure du cycle d'hystérésis, c'est-à-dire l'énergie de déformation dissipée ;
- W correspond à l'énergie imposée pour le niveau de distorsion γ_a ($W = G.\gamma_a^2/2$).

Théoriquement, la surface de cette boucle augmente avec le niveau de distorsion, donc $\xi = f(\gamma)$ et pour de faibles valeurs de la distorsion, il n'existe pas de dissipation d'énergie, c'est-à-dire $\xi \approx 0$.

L'effet de l'amplitude de la déformation de cisaillement sur le coefficient d'amortissement est montré sur la figure 1.4.

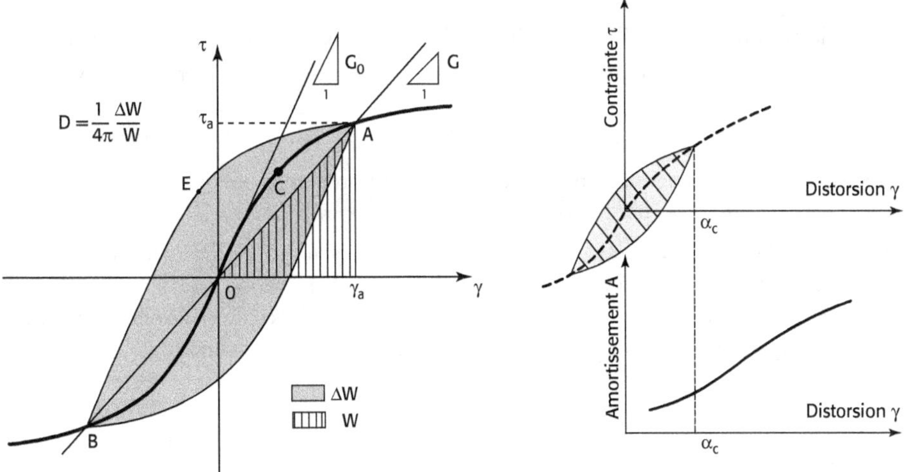

Figure 1.4 Définition du coefficient d'amortissement

1.2 Déformations sismiques du sol (effet cinématique)

La définition du mouvement sismique requiert la détermination des paramètres suivants (voir annexe B) :

- la zone sismique et l'accélération maximale au rocher pour la période de retour de référence (a_{gR}) ;
- la catégorie d'importance du bâtiment à dimensionner γ_I ;
- la classe du sol représentative du site ;
- les effets d'amplification topographique pour les structures importantes ($\gamma_I > 1{,}0$) ;
- la magnitude prédominante des ondes de surface des séismes qui contribuent à l'aléa sismique.

Les effets cinématiques peuvent être modélisés en ne considérant que l'effet du mode fondamental de la colonne de sol.

Le déplacement de calcul du sol d_g, maximum en surface, est calculé selon l'Eurocode **[EC8-1/3.2.2]** par la formule suivante :

$$d_g = 0{,}025\, a_g \cdot S \cdot T_c \cdot T_d \tag{1.2}$$

Les valeurs de $a_g = \gamma_I.a_{gr}$, S, T_c et T_d figurent dans l'annexe B.

Pour déroger à cette valeur, une étude particulière basée sur les informations disponibles doit être établie. Cette étude est complexe et fait appel à des modélisations numériques dynamiques dont la description du mouvement sismique peut être fondée sur l'utilisation d'accélérogrammes artificiels **[EC8-1/3.2.3.1.2]** ou d'accélérogrammes enregistrés ou simulés **[EC8-1/3.2.3.1.3]**.

La profondeur du calcul dans un calcul dynamique joue un rôle primordial du fait qu'elle influence directement les fréquences propres du site étudié. La limitation de la profondeur est définie comme suit :

- soit à la profondeur au-delà de laquelle le sol est considéré comme rigide ($V_s > 800$ m/s) ;
- soit à la profondeur du rocher à laquelle le séisme de référence est donné pour être appliqué ;
- à défaut, à la profondeur de 30 m correspondant à V_{s30} de l'Eurocode 8 **[EC8-1/3.1.2-(1)]**.

Les équations des déformées du premier mode de vibration d'un profil de sol en monocouche ou bicouche sont données par les équations des paragraphes 1.2.1. et 1.2.2.

Les formules d'équivalence des couches de sol pour revenir à un modèle équivalent monocouche ou bicouche sont à utiliser avec précaution. Selon la méthode du PS 92 pour la vérification des pieux aux efforts sismiques, nous pouvons définir des caractéristiques équivalentes pour le module de cisaillement et le poids volumique des matériaux comme suit :

$$G_{dyn} = \frac{\sum G_i h_i}{\sum h_i} \quad \text{et} \quad \rho = \frac{\sum \rho_i h_i}{\sum h_i} \tag{1.3}$$

Il est important de signaler que ces méthodes sont limitées pour des profils de sols où le contraste des propriétés au sein des différentes couches n'est pas important (rapport des V_s entre deux couches maximum de 2).

1.2.1 Pour un sol monocouche

Dans le cas d'un sol monocouche, les fréquences et les modes propres sont donnés par l'équation suivante :

$$U_2(z) = d_{max} \cos\left(\frac{\omega(z - h_2)}{V_{S2}}\right) \tag{1.4}$$

$$f_n = \frac{\omega_n}{2\pi} = (2n+1)\frac{V_S}{4h} \quad n = 0,1,....\infty \tag{1.5}$$

Ainsi, pour n = 0, la fréquence fondamentale est donnée par :

$$f = \frac{V_S}{4h} \tag{1.6}$$

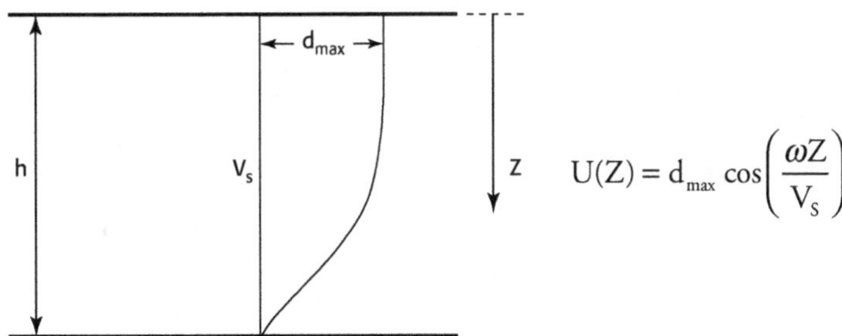

Figure 1.5 Déplacement du sol selon un quart de sinusoïde pour un monocouche

1.2.2 Pour un sol bicouche

Pour la détermination du mode fondamental de vibration, on se sert de la formulation suivante :

$$U_2(z) = d_{max} \cos\left(\frac{\omega Z}{V_{S2}}\right) \quad Z \leq h_2 \tag{1.7}$$

$$U_1(z) = d_{max} \frac{\cos\left(\dfrac{\omega h_2}{V_{S2}}\right)}{\sin\left(\dfrac{\omega h_1}{V_{S1}}\right)} \sin\left(\frac{\omega(h_1 + h_2 - Z)}{V_{S1}}\right) \quad h_2 < Z \leq h_1 + h \tag{1.8}$$

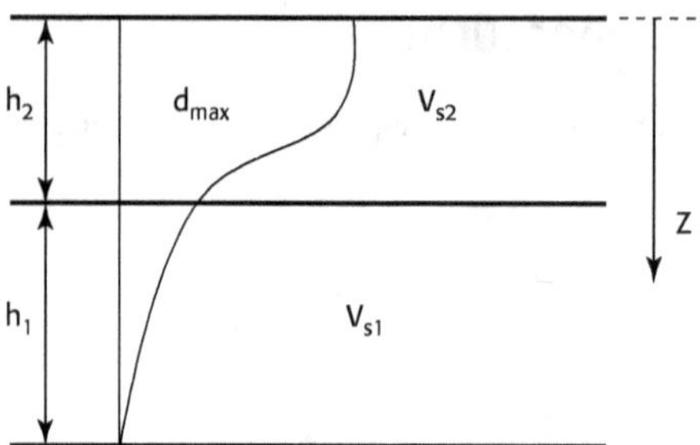

Figure 1.6 Représentation d'un bicouche et de sa déformée pour une couche 1 plus raide que la couche 2

La figure 1.7 donne des isovaleurs de la fréquence pour un profil des sols en bicouche, en fonction des paramètres h_1/V_{s1}, h_2/V_{s2}, et V_{s1}/V_{s2} selon le guide de l'AFPS « Procédés d'amélioration et de renforcement de sols sous actions sismiques ».

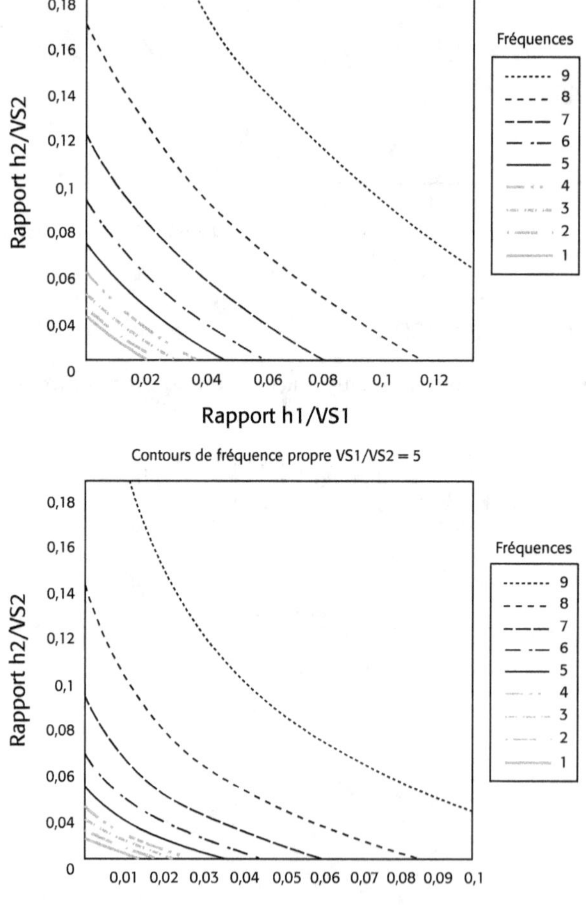

Figure 1.7

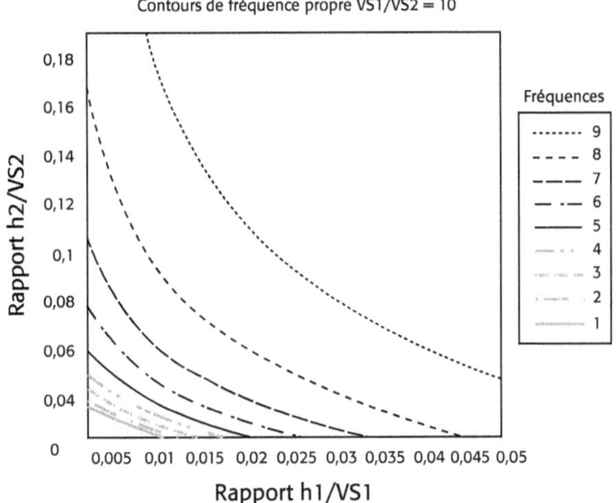

Figure 1.7 (*suite*)

Domaine d'application :

$80 \leq V_{S2} \leq 200$ m/s,　　$5 \leq h_2 \leq 15$ m

$V_{S1} \geq 300$ m/s,　　　　$0 \leq h_1 \leq 40$ m

$V_{S1}/V_{S2} = 2,5,10$

Exemple :

pour $V_{S1}/V_{S2} = 2$: $h_2/V_{S2} = 0,12$; $h_1/V_{S1} = 0,06$; $f = 1,5$ Hz.

Figure 1.7 Isovaleurs de la fréquence pour un profil des sols en bicouche (Guide AFPS)

1.2.3　Pour un sol multicouche

Dans les cas complexes de multicouches, le déplacement en champ libre g(z) peut être défini par la méthode de Rayleigh simplifiée ou par des méthodes numériques.

1.2.3.1　Méthode de Rayleigh simplifiée

La méthode de Rayleigh simplifiée est une méthode permettant de calculer la déformée cinématique g(z) du sol sous action sismique. Elle a été exposée par Richard Souloumiac.

Elle est applicable pour des profils de sol multicouche. Il s'agit d'une résolution itérative à convergence rapide. L'hypothèse principale utilisée est que la déformée varie linéairement entre les points extrêmes d'une même couche :

$$X_{i+1} = X_i + \frac{H - z_i}{V_i^2} H_i \tag{1.9}$$

avec :

- X_i la déformée
- $(H - z_i)$ le milieu de la couche i
- V_i la vitesse des ondes de cisaillement dans la couche i
- H_i l'épaisseur de la couche i

Il est donc possible en partant du pied du profil ($X_i = 0$) d'estimer X à chaque interface de couches. Une fois ces valeurs de X connues, on les convertit en pourcentages (en divisant par la valeur de $X_{surface}$) et on les multiplie par le déplacement maximal à la surface d_{max} afin d'obtenir la déformée g(z) du sol.

La méthode de Rayleigh simplifiée permet également de déterminer la pulsation du sol multicouche :

$$\omega^2 = \frac{4\sum_1^n \left(\dfrac{H - z_i}{V_i}\right)^2 H_i}{\sum_1^n (X_i + X_{i+1})^2 H_i} \tag{1.10}$$

Pour être conforme à l'Eurocode [**EC8-1/3.2.2**], le déplacement maximal en champ libre est calculé à partir de la formule (1.4).

Commentaire : Le déplacement en champ libre calculé à partir du P592 ou de la méthode de Rayleigh simplifiée $d_{max} = \dfrac{a}{\omega^2}$ donne des valeurs différentes du [**EC8-1/3.2.2**].

1.2.3.2 Méthode numérique

Pour obtenir la déformée en mode fondamental de vibration à partir de modélisations numériques, le profil de sol est sollicité par un chargement harmonique d'une amplitude unitaire et d'une fréquence égale à la fréquence fondamentale.

La méthodologie pour la détermination de la fréquence fondamentale nécessite le recours à un moyen numérique. Elle consiste à faire vibrer le profil de sol sous un chargement quelconque (par exemple, harmonique à une fréquence donnée), le laisser ensuite vibrer librement (sans charge) et réaliser l'analyse Fourier de la réponse. Les pics obtenus à partir de cette analyse correspondent aux fréquences propres du système (voir figure 1.8).

Il est possible de faire un calage de l'amplitude de charge dynamique à appliquer d'une manière à obtenir la valeur de d_g ou a_N en surface de sol (pour un modèle élastique, la réponse est proportionnelle à la charge).

1.3   Liquéfaction des sols

1.3.1   Mécanisme de la liquéfaction

La liquéfaction du sol est un processus dans lequel les sols situés sous nappe perdent temporairement la totalité ou une partie de leur résistance lorsqu'ils sont soumis à une sollicitation sismique. Typiquement, les formations géologiques sableuses, lâches, saturées de granulométrie uniforme sont les sols les plus susceptibles.

Modèle A : Vs1/Vs2 = 2

A	h (m)	Vs (m/sec)	h/Vs (sec)	ρ (kg/m³)	v	G (MPa)	Ey (MPa)	F1 (Hz)	$\omega1 = 2.\pi.F1$ (rad/sec)
1	5	300	0,02	1 900	0,45	171,00	495,90	3,6	22,6
2	9	150	0,06	1 700	0,45	38,25	110,93	3,6	22,6

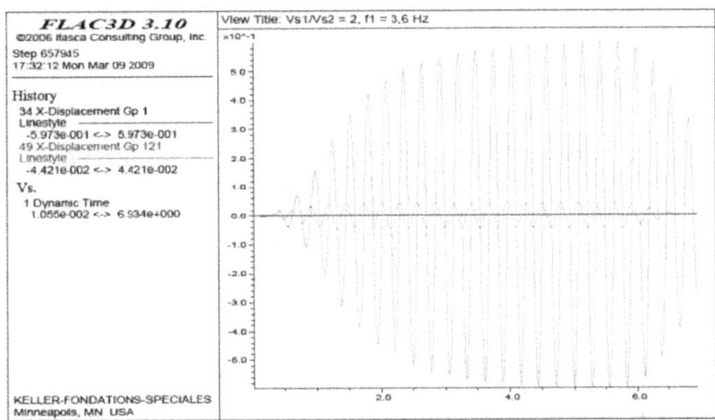

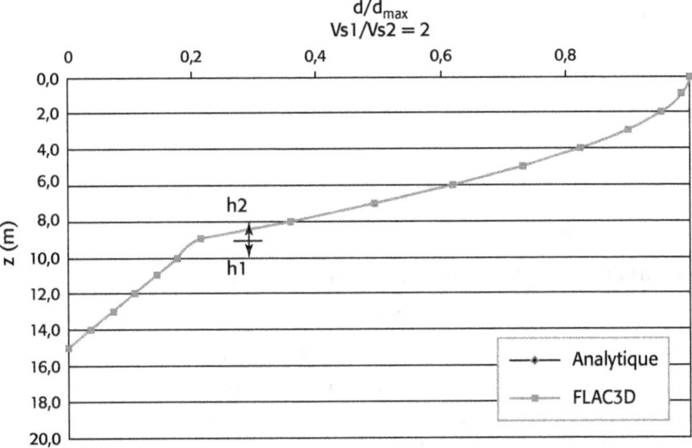

Figure 1.8 Comparatif des formules 1.8 et 1.9 avec un calcul Flac 3D (les courbes sont confondues)

Les conséquences potentielles de la liquéfaction sont :

- la perte de la capacité portante des fondations ;
- des tassements excessifs ;
- la perte de la réaction latérale du sol autour des pieux ;
- l'augmentation de poussée des terres sur les soutènements ;
- l'instabilité de pente en grande masse par écoulement latéral (*lateral-spreading*) ;
- le déjaugeage des structures enterrées.

L'EN 1998-5 [**EC8-5/4.1.4-(7)**] stipule que pour les bâtiments sur fondations superficielles, l'évaluation de la susceptibilité à la liquéfaction peut être omise lorsque les sols sableux saturés sont situés à une profondeur supérieure à 15 m. Il est aussi possible de négliger ce risque quand $\alpha S < 0,15$ avec $\alpha = \dfrac{a_g}{g}$ et que l'une de ces conditions est respectée :

* les sables contiennent une proportion de fines supérieure à 20 % avec $I_p > 10$;
* les sables présentent plus de 35 % de silts, et le nombre de coups SPT $N_{1(60)}$ est supérieur à 20 ou $q_{c1N} > 30$;
* les sables sont propres avec $N_{1(60)} > 30$ [définition de $N_{1(60)}$ en § 4.3.2.1 de l'EC8] ou $q_{c1N} > 150$.

Pour évaluer le potentiel de liquéfaction, il existe différentes méthodes détaillées ci-après.

1.3.2 Évaluation du potentiel de liquéfaction

Le phénomène de liquéfaction provoque une perte de résistance de sol créée par une quasi-annulation de la contrainte effective, liée à une augmentation de la pression interstitielle associée au cisaillement du sol.

Cette augmentation de la pression interstitielle se fait de manière progressive au fur et à mesure de l'apparition du nombre de cycles du séisme N. La figure 1.9 indique qu'il existe un nombre de cycles N_L pour lequel la liquéfaction est atteinte. Cette valeur N_L est liée essentiellement à la nature et à la compacité du sol.

L'augmentation de la pression interstitielle est représentée par le rapport :

$$r_u = \frac{u}{\sigma'_{v0}} \tag{1.11}$$

avec :

> u la pression interstitielle ;
>
> σ'_{v0} la contrainte verticale effective initiale,

Pour $r_u = 1$, la liquéfaction du sol est complète.

Il n'y a cependant pas de relation linéaire entre r_u et le coefficient de sécurité. Ainsi un coefficient de sécurité supérieur ou égal à 1,25 correspond à une valeur de r_u inférieure à 0,8. Un facteur $r_u = u/\sigma'_0 \leq 0,6$, d'après Seed & Booker (1977) permet d'atteindre un coefficient de sécurité suffisant vis-à-vis du risque de liquéfaction.

L'estimation du potentiel de liquéfaction à partir du coefficient r_u n'est pas simple, et une procédure simplifiée a été proposée par Seed & Idriss (1971).

Cette procédure est couramment utilisée pour analyser la résistance du sol vis-à-vis de la liquéfaction (NCEER 1996, Youd, *et al.*, 2001).

Seed & Idriss (1991) considèrent une colonne de sol comme un corps rigide indéformable soumis à une sollicitation sismique à sa base qui génère des ondes de cisaillement se propageant verticalement vers la surface. Les contraintes de cisaillement dans le sol peuvent être calculées de la manière suivante :

$$(\tau_{max})_r = \sigma_0 \frac{a_{max}}{g} \tag{1.12}$$

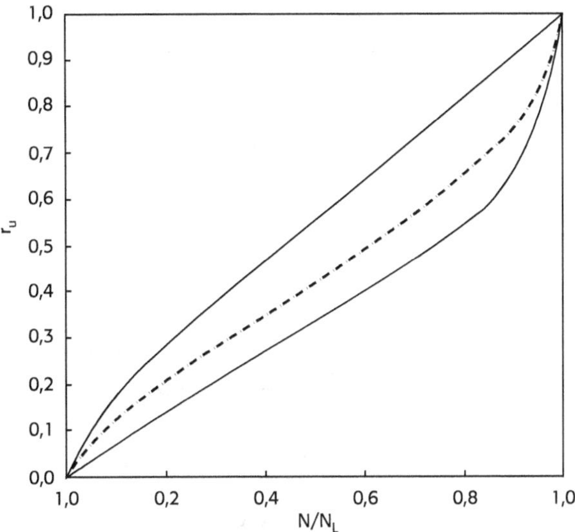

Figure 1.9 Évolution du rapport r_u en fonction du nombre de cycles (d'après De Alba et al. 1975) [17]

où $(\tau_{max})_r$ = contrainte de cisaillement maximum pour un corps solide ;

σ_0 = contrainte totale dans le sol ;

a_{max} = accélération maximale en surface du sol telle que $a_{max} = a_{gr} \cdot \gamma_l \cdot S$;

g = accélération de gravité.

En réalité, le sol est un corps déformable, et les contraintes de cisaillement d'un corps rigide indéformable doivent être réduites par un coefficient de correction appelé r_d :

$$(\tau_{max})_d = r_d \cdot (\tau_{max})_r \tag{1.13}$$

où $(\tau_{max})_d$ = contrainte de cisaillement maximum pour un corps déformable ;

r_d = coefficient de correction de la contrainte de cisaillement.

Le coefficient r_d diminue avec la profondeur avec une valeur de 1 en surface.

L'EN 1998 n'a pas repris ce coefficient r_d et il doit donc être négligé dans les dimensionnements.

Dans la pratique, une valeur de contrainte de cisaillement moyenne est utilisée et définie par Seed & Idriss (1977) comme égale à 65 % de la valeur maximale.

Enfin, la contrainte de cisaillement normalisée avec la contrainte effective du sol, appelée *Cyclic Stress Ratio* (CSR), s'écrit :

$$\text{CSR} = \frac{\tau_{moyen}}{\sigma'_{v0}} = 0,65 . \frac{\sigma_{v0}}{\sigma'_{v0}} \cdot \frac{a_{max}}{g} . r_d \tag{1.14}$$

Le deuxième terme qui doit être défini pour obtenir le coefficient de sécurité est la résistance moyenne au cisaillement cyclique du sol en place ou *Cyclic Resistance Ratio* (CRR). Le CRR est défini par des corrélations à partir de SPT ou du CPT (NCEER, 2001).

D'autres approches en développement se basent sur l'utilisation de V_s. Toutefois, l'EN 1998-5 précise que « *les corrélations entre Vs et la résistance du sol à la liquéfaction sont encore en voie d'élaboration et qu'il convient de ne pas les utiliser sans l'assistance d'un spécialiste* » (§ B4 EN 1998-5).

Toutes ces corrélations sont définies pour une magnitude de 7,5 et un coefficient de correction de la magnitude M_S est proposé par l'EN 1998-5 Annexe B (voir tableau 1.3) avec

$$CRR = CRR_{7,5} \times CM \tag{1.15}$$

Tableau 1.3 Coefficient de correction de la magnitude MS

M_S	CM d'après Eurocode 8-5
5,5	2,86
6	2,20
6,5	1,69
7	1,30
7,5	1,00
8	0,67

Le coefficient de sécurité vis-à-vis de la liquéfaction peut s'écrire ainsi :

$$F_s = \frac{CSR}{CRR} \geq 1,25 \quad \text{(d'après l'EN 1998-5)} \tag{1.16}$$

Exemple

Pour les hypothèses suivantes :

- sol sableux propre avec un passant < 80 µm de 5 % ;
- accélération horizontale : $\alpha.S = 0,3$ g, magnitude 6,0, $N_L = 10$ cycles ;
- contrainte effective à 5 m (nappe affleurante) : $\sigma'_{v0} = 5 \times 19 - 5 \times 10 = 45$ kPa ;
- contrainte totale : $\sigma_{v0} = 5 \times 19 = 95$ kPa ;
- facteur correctif de magnitude CM = 2,2.

$$CSR = 0,65.\sigma_0.\frac{a_{max}}{g}.r_d = 0,65.\frac{95}{45}.0,3.1 = 0,417.$$

Pour obtenir un coefficient de sécurité supérieur à 1,25, le CRR doit être supérieur à $1,25 \times 0,417/2,2 = 0,237$ ce qui peut être vérifié par les essais in situ qui devront montrer que le sol présente au moins les caractéristiques suivantes :

- indice de pénétration SPT normalisé (voir figure 1-10) : $N_{160} \geq 22$;
- résistance de pointe CPT normalisé (voir figure 1-11) : $q_{c1N} \geq 120$;
- vitesse de cisaillement (voir figure 1.12) : $V_{S1} \geq 200$ m/s.

1.3.2.1   CRR à partir du SPT

La valeur de CRR peut être déterminée par la figure 1.10, qui montre une corrélation entre $(N_1)_{60}$ et CRR pour une magnitude de 7,5. $(N_1)_{60}$ est le nombre de coups SPT corrigé par la pression atmosphérique de 100 kPa et par un coefficient d'énergie de 60 %.

Pour l'essai SPT selon l'EN 1998-5 **[EC8-5/4.1.4-(10)]**, les valeurs mesurées de l'indice de pénétration *N*SPT, exprimé en coups/30 cm, doivent être normalisées à une pression effective de référence de 100 kPa et à un rapport de l'énergie d'impact à l'énergie théorique de chute libre égal à 0,6. Pour des profondeurs inférieures à 3 m, il convient de réduire de 25 % les valeurs N_{SPT} mesurées. La normalisation relative aux effets de la surcharge due au terrain peut être effectuée en multipliant la valeur mesurée de NSPT par le facteur $(100/\sigma'_{vo})1/2$, où σ'_{vo} (kPa) est la contrainte effective des terres agissant à la profondeur à laquelle la mesure SPT a été réalisée, cela au moment de sa réalisation. Le coefficient de normalisation $(100/\sigma'_{vo})1/2$ doit être compris entre 0,5 et 2. La normalisation vis-à-vis de l'énergie exige la multiplication de la valeur de l'indice de pénétration par le facteur $ER/60$, où ER est égal à 100 fois le rapport d'énergie, spécifique de l'équipement.

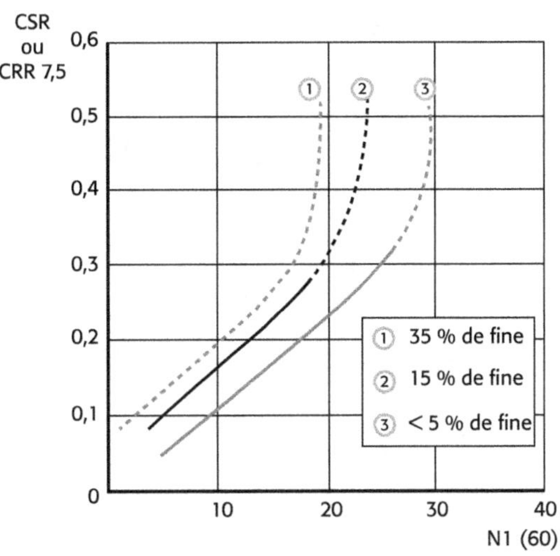

Figure 1.10 Diagrammes empiriques pour une évaluation simplifiée du potentiel de liquéfaction à partir du SPT pour M = 7,5 (extrait EN 1998-5 Annexe B)

1.3.2.2   CRR à partir du CPT

À partir des années 1990, des corrélations (Lunne et al. 1997) ont été développées en caractérisant le sol par sa résistance de pointe q_c. Les premières corrélations utilisaient une corrélation directe entre la résistance de pointe q_c et l'indice de pénétration SPT.

Il a été ensuite effectué des corrélations directes entre q_c et l'occurrence ou non de la liquéfaction, dans une démarche analogue à celle suivie pour obtenir les abaques de la figure 1.11.

La résistance de pointe q_c doit être normalisée pour tenir compte de la profondeur et obtenir une valeur q_{c1N} adimensionnelle :

$$q_{c1N} = \frac{q_c}{p_a} \cdot \left(\frac{p_a}{\sigma'_{v0}} \right)^n \tag{1.17}$$

avec :

- $p_a = 100$ kPa ;
- n = coefficient qui prend les valeurs de 0,5 pour les sables propres, 0,7 pour les sols intermédiaires (silts et sables silteux) et 1 pour les argiles ;
- σ'_{v0} = contrainte verticale effective.

La figure 1.11 est obtenue pour des sables propres (CS = Clean Sand) avec moins de 5 % de fines (d'après NCEER, 2001). La résistance au cisaillement ramenée à une contrainte verticale intergranulaire (ou $CRR_{7,5}$) est définie à partir d'une mesure au CPT pour un séisme de magnitude de 7,5.

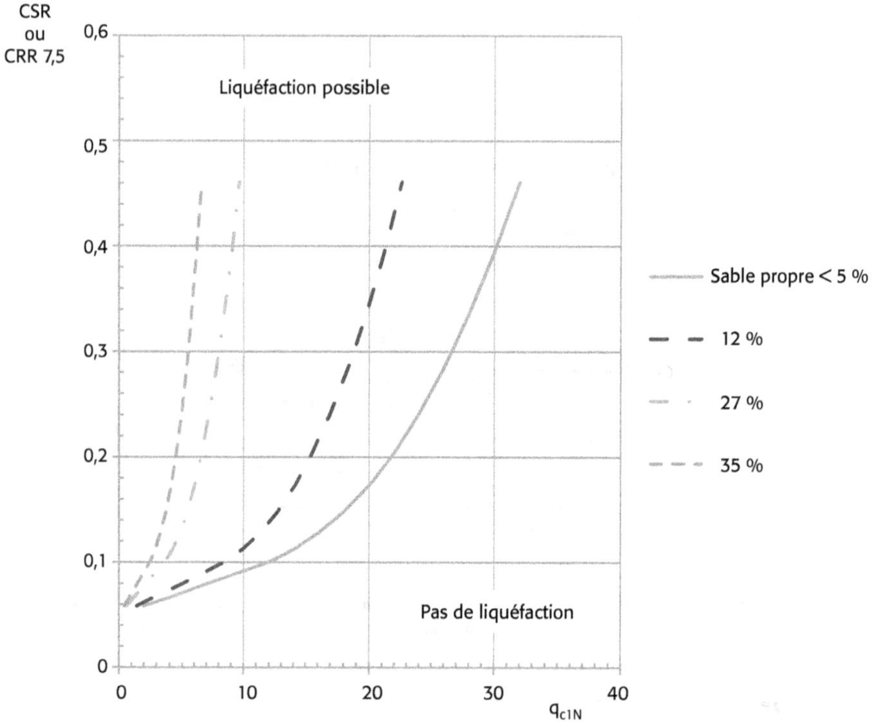

Figure 1.11 Diagrammes empiriques pour une évaluation simplifiée du potentiel de liquéfaction à partir du CPT pour M = 7,5

1.3.2.3   CRR à partir de V_s

La mise en œuvre de moyennes géophysiques permet une mesure de la vitesse des ondes de cisaillement.

Celle-ci est nécessaire pour établir la classe de sol. Une approche par corrélation a aussi été développée. Cette méthodologie est analogue à celle basée sur les essais SPT et CPT.

L'Eurocode 8 (§ B4 de l'EN 1998-5) note cependant :

> *« Cette propriété a un avenir prometteur comme indice in situ pour l'évaluation de la susceptibilité à la liquéfaction dans le domaine des sols qui se prêtent mal au prélèvement d'échantillons (tels que les silts et les sables) ou à la pénétration (graviers). Par ailleurs, des progrès significatifs ont été réalisés durant ces dernières années dans la mesure de Vs sur le terrain. Toutefois, les corrélations entre Vs et la résistance du sol à la liquéfaction sont encore en voie d'élaboration et il convient de ne pas les utiliser sans l'assistance d'un spécialiste. »*

Un exemple d'un tel abaque est donné sur la figure 1.12.

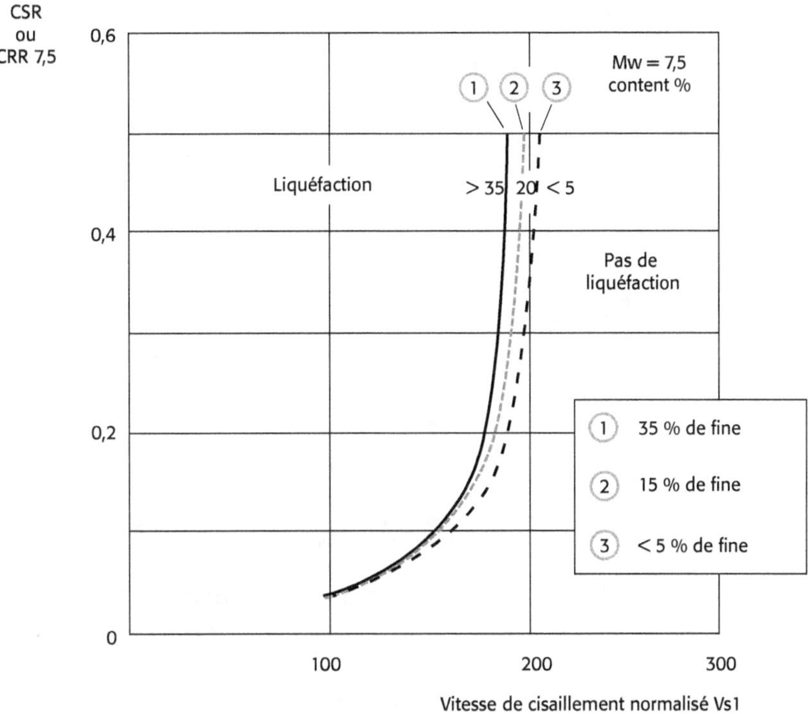

Figure 1.12 Diagrammes empiriques pour une évaluation simplifiée du potentiel de liquéfaction à partir du V_s pour M = 7,5 (Andrus & Stokoe 2000)

La vitesse de propagation des ondes de cisaillement est normalisée pour une valeur de contrainte effective de 100 kPa : $V_{s1} = Vs.(100/\sigma')_{0,25}$.

1.3.2.4 CRR à partir des essais de laboratoire

Les essais mécaniques de liquéfaction sont généralement réalisés sur des appareillages triaxiaux cycliques sur des éprouvettes cisaillées en compression-extension.

Le nombre de cycles causant la liquéfaction N est relié au niveau de sollicitation par le diagramme de résistance à la liquéfaction cyclique.

Cette courbe dépend fortement de la densité relative du sable : une augmentation de la densité relative accroît fortement la résistance à la liquéfaction ; les méthodes de densification en place des horizons sableux trouvent là leur justification.

La figure 1.13 donne un exemple de courbe de résistance avec en ordonnée la contrainte cyclique appliquée et en abscisse le nombre de cycles.

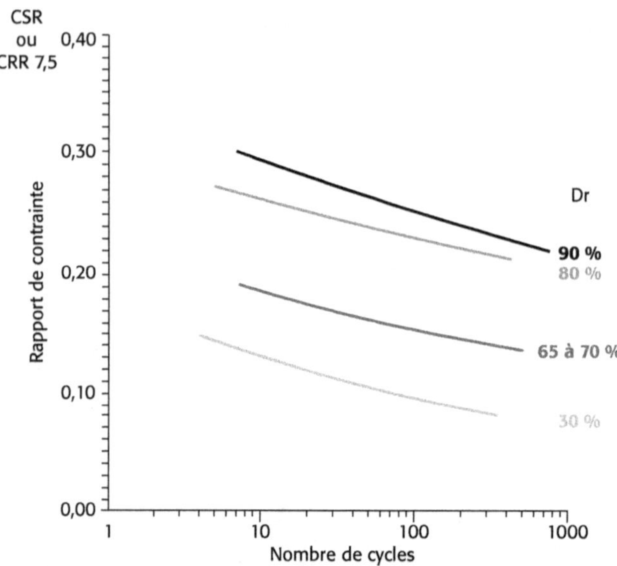

Figure 1.13 Exemples de courbes de résistance CRR d'un sable à la liquéfaction en fonction du nombre de cycles et de la densité relative

Ces courbes sont souvent obtenues à partir d'échantillons reconstitués à la densité estimée en place des dépôts sableux : cela peut conduire à une sous-estimation de la résistance à la liquéfaction.

Le nombre de cycles causant la liquéfaction est alors comparé au nombre de cycles équivalents créés par le séisme pour en déduire un coefficient de sécurité. Le nombre de cycles équivalents est fonction de la zone de sismicité et de la magnitude conventionnelle.

1.4 Amplification du mouvement sismique lié à un effet de site

Lors d'un tremblement de terre, des ondes sont émises dans le sous-sol et se réfléchissent aux différentes interfaces de couche. Dans le cas de couches de sol sédimentaires meubles reposant sur du rocher par exemple, les ondes peuvent être piégées dans les niveaux supérieurs et sont à l'origine d'amplifications des ondes et d'un prolongement des vibrations dans le bassin sédimentaire. Ces effets sont maximaux à certaines fréquences qui dépendent de la vitesse des ondes dans les sédiments meubles et de leur épaisseur. Les mouvements de sol sont amplifiés à la fréquence de résonance du sol et durent plus longtemps. C'est ce qu'on désigne par effet de site. Cet effet dépend donc de la nature des sols, de leur organisation et de la fréquence des ondes.

Plus exactement, on parle des effets de site parce que plusieurs processus entrent en jeu dans l'amplification des ondes :

- la superposition des couches sédimentaires qui piègent horizontalement les ondes ;
- la réverbération des ondes sur les bords d'une vallée (piégeage latéral) ;

- une configuration particulière de la vallée, c'est-à-dire différente d'un « couloir » en U ou V (vallée grenobloise et son célèbre Y) ;
- les effets dus à la topographie environnante et au comportement non linéaire du sous-sol soumis à un mouvement fort. Au niveau des sommets, les ondes sont focalisées : il y en a « plus sur une même surface », ce qui a tendance à augmenter les mouvements, tandis que dans les vallées, « on a moins d'ondes » et donc pas d'amplification causée par ce processus. Le comportement non linéaire des sols désigne leur « fatigue » face à un effort important. Les mouvements sont alors moins importants et viendraient contrebalancer un peu les effets de la structure géologique du sol cités ci-avant. Cependant, cet effet dépend aussi de la fréquence et a tendance à décaler la fréquence de résonance des sols. Ces phénomènes doivent être pris en compte dans le calcul de l'ouvrage.

La principale cause des destructions vient du fait que les bâtiments entrent en résonance. Si on évite cette fameuse gamme de fréquences, on réduit considérablement le risque d'endommagement. De plus, l'augmentation de la durée du mouvement diminue la résistance du bâtiment et amplifie le risque de destruction. Ainsi, résonance et fatigue de la structure sont à l'origine de la répartition particulière des dégâts en cas d'effet de site.

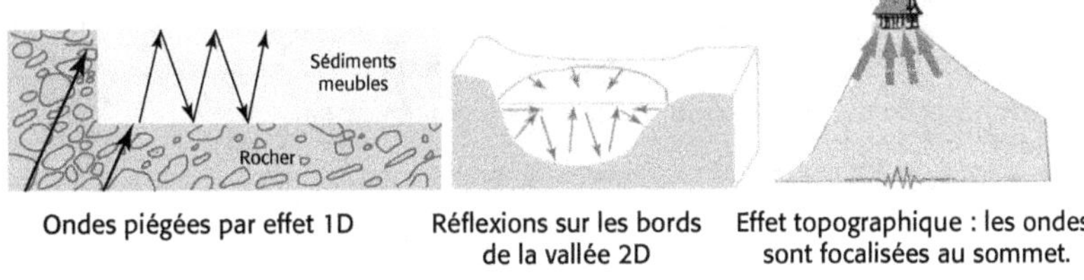

Figure 1.14 Exemples d'effets de site

Pour tenir compte de ce phénomène, l'EC8-5 annexe A2 a défini un coefficient d'amplification topographique S_T qui doit être appliqué à l'action sismique lorsque le coefficient d'importance de l'ouvrage est supérieur à 1. Les effets de site peuvent être négligés lorsque les pentes sont inférieures à 15°.

En revanche, lorsqu'il y a un effet de site, les valeurs de S_T recommandées par l'EC8 sont les suivantes :

- 1,2 pour les pentes fortes et falaises isolées ;
- 1,2 pour les escarpements dont le sommet est plus étroit que la base et dont la pente est comprise entre 15 et 30° ;
- 1,4 pour les escarpements dont le sommet est plus étroit que la base et la pente supérieure à 30°.

La valeur de S_T peut être réduite sur la hauteur de la pente pour atteindre 1 au pied de celle-ci.

1.5 Instabilité des pentes

L'instabilité des pentes peut prendre plusieurs formes telles que glissements de terrain superficiels ou profonds, affaissements latéraux, écoulements en masse, chutes de blocs… L'instabilité des pentes en tenant compte des actions sismiques doit être étudiée avant de décider d'implanter la construction d'un nouvel ouvrage reposant sur une pente.

1.6   Proximité des failles actives

Tous les bâtiments d'importance supérieure à la catégorie I ne doivent pas être implantés à proximité immédiate d'une faille reconnue comme sismiquement active. L'EC8 ne donne pas de valeur, mais une distance de 200 m semble être un minimum. En France, les plans de prévention des risques (PPR) donnent l'information sur les failles actives.

1.7   Tassements des sols sous sollicitations cycliques

Dans les sols mous de type S1 et S2, des tassements apparaissent sous charges cycliques. Ils doivent être évalués lorsqu'ils sont présents à faible profondeur. Il existe des méthodes empiriques pour estimer ces tassements (Tokimatsu & Seed). Ces derniers concernent essentiellement les sols pulvérulents lâches et non saturés et également parfois certaines argiles très molles (dégradation de leur résistance sous chargement cyclique). Si ces tassements sont susceptibles d'affecter la stabilité des fondations superficielles ou des pieux, il convient d'envisager un procédé d'amélioration ou de renforcement de sol.

CHAPITRE 2

Choix du système de fondation

2.1 Retours d'expérience

2.1.1 Fondations superficielles

La rupture de fondations superficielles durant un séisme peut résulter :

- d'une perte de portance liée à l'apparition d'une force excentrée et inclinée provenant de la réponse inertielle de l'ouvrage et des forces cinématiques du sol. De tels exemples de ruptures, sans que ce soit lié à la dégradation des caractéristiques mécaniques du sol, ont été répertoriés après le séisme de Guerrero-Michoacan en 1985 et d'autres plus récents (par exemple, 1990 : séisme de Luzon ; 1999 : séisme de Koçaeli) ;
- d'une perte de portance liée à une dégradation des caractéristiques des sols par liquéfaction ;
- des tassements excessifs induits par densification ou dégradation cyclique des sols, susceptibles d'affecter la stabilité des fondations.

2.1.2 Pieux

Boulanger *et al.* (2003) ont représenté par des schémas les différentes ruptures de pieux observées lors de séismes (voir figure 2.1). Les origines des ruptures peuvent être les suivantes :

- une perte de la capacité portante liée à un surcroît de charge (verticale ou horizontale en tête de celui-ci, apparition d'un frottement négatif le long du fût) ;
- des tassements du sol autour du pieu liés à un problème de liquéfaction, soit par densification soit par dégradation du sol ;
- ne rupture liée aux déplacements latéraux des terres (lateral spreading).

Chacun de ces phénomènes peut apparaître seul ou conjointement.

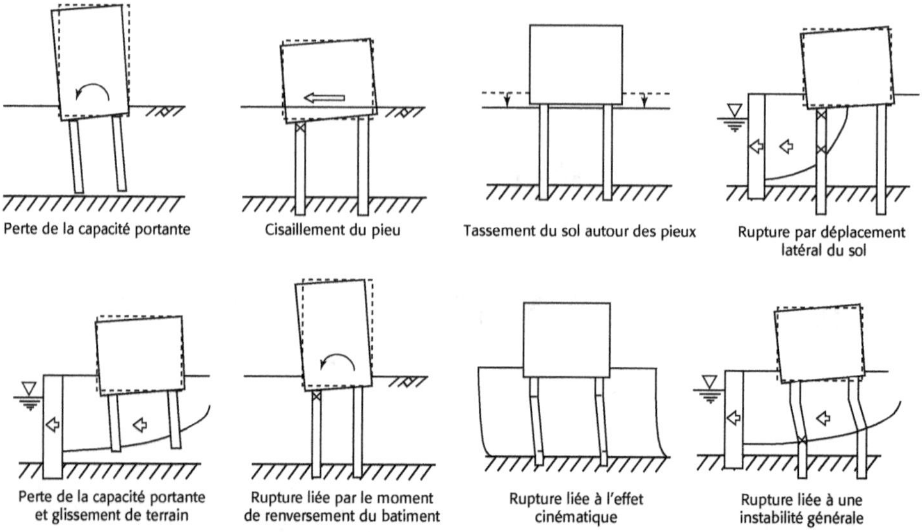

Perte de la capacité portante

Cisaillement du pieu

Tassement du sol autour des pieux

Rupture par déplacement latéral du sol

Perte de la capacité portante et glissement de terrain

Rupture liée par le moment de renversement du batiment

Rupture liée à l'effet cinématique

Rupture liée à une instabilité générale

Figure 2.1 Mécanisme de rupture de pieux dans un sol liquéfiable (Boulanger *et al.*, 2003)

D'après l'EN 1998-5 § 4.1.4 (14), « *il convient d'envisager avec prudence la seule utilisation de fondations sur pieux, en raison des forces importantes induites dans les pieux par la perte de résistance du sol dans la ou les couches liquéfiables, et en raison des incertitudes inévitables liées à la détermination de l'emplacement et de l'épaisseur de cette ou ces couches* ».

La résistance latérale des couches de sol sensibles à la liquéfaction ou à une dégradation importante de la résistance doit être négligée [EN 1998-5 § 4.1.4 (13)].

Il convient que l'amélioration du sol pour éviter la liquéfaction se fasse soit par compactage du sol pour augmenter sa résistance à la pénétration au-delà des limites dangereuses, soit par l'utilisation d'un drainage pour diminuer l'accroissement de pression d'eau interstitielle produite par les secousses sismiques [EN 1998-5 § 5.4.2 (4)P].

2.1.3   Améliorations et renforcements de sols

Le choix final de l'amélioration et/ou du renforcement de sols dépendra de la fiabilité et de la performance que le concepteur accordera à la technique en zone sismique (voir tableau 2.1).

La fiabilité d'une technologie donnée, pour la limitation des effets des sollicitations sismiques, peut être estimée à partir de plusieurs facteurs (Mitchell *et al.* (1998) et PHRI (1997)) tels que la vérification de la performance sur des sites ayant déjà subi des séismes, la compréhension du mécanisme de fonctionnement du renforcement à partir de l'existence de modélisations physiques en laboratoire, de modélisations numériques, et enfin l'existence de méthodes de dimensionnement validées.

C'est pourquoi la fiabilité d'un procédé d'amélioration ou de renforcement de sols ne peut être reconnue qu'après une période assez longue, nécessaire pour disposer de suffisamment d'études et de retours d'expérience sur celles-ci. L'observation des performances des techniques sur des sites ayant subi des séismes peut permettre non seulement de valider le fonctionnement de certains procédés, mais parfois également de connaître les limites d'utilisation lorsqu'elles n'ont pas forcément bien fonctionné. Un état des lieux de tels sites – Mitchell *et al.* (1995), Hausler & Sitar (2001) – a fourni des exemples de bonnes performances, mais également quelques exemples de renforcements qui ont moins bien fonctionné.

Le tableau 2.1 récapitule les procédés les plus utilisés en zone sismique et qui se sont bien comportés lors de séismes.

Dans l'ensemble, le retour d'expérience de sites traités par une amélioration ou un renforcement de sol figurant dans le tableau 2.1 et ayant subi un séisme, est satisfaisant. Les quelques cas où des désordres seraient apparus, sont attribués à des erreurs de dimensionnement (profondeurs ou étendues de traitement insuffisantes, séismes d'intensité plus élevée que prévue) ou à une utilisation inappropriée dans le contexte du projet.

Tableau 2.1 Récapitulatif des retours d'expérience des principaux procédés

TRAITEMENT DANS LA MASSE							
Procédé	Type de sol	Prof. Maximale traitement	Disposition et maillage	Caractéristiques améliorées	Avantages	Inconvénients et limites d'utilisation	Fiabilité du procédé
TRAITEMENT DANS LA MASSE							
Vibro-compactage	Sables, sables très légèrement limoneux, graviers	> 30 m	Maille carrée et triangulaire Maille de 4 à 10 m²	$Dr \geq 80\ \%$ $q_C \geq 10\text{-}15$ MPa	Économique Efficacité éprouvée Uniformité en profondeur	Peu adapté dans les blocs Vibrations Dégagement exigé	Très bonne
Compactage dynamique	Sables et sables limoneux, limons	5 à 7 m	Maille carrée ou triangulaire Maille de 4 à 16 m²	$Dr \geq 80\ \%$ $q_C \geq 15$ MPa	Économique Efficacité éprouvée Adapté dans les sols hétérogènes avec blocs	Profondeur limitée et effet du compactage décroissant en profondeur Vibrations Dégagement exigé	Faible à très bonne en fonction de la profondeur
Drains de graviers vibrés	Sables et sables limoneux	> 20 m	Maille carrée ou triangulaire de 3 à 9 m²	Réduction des pressions interstitielles	Économique et adapté pour traverser des horizons compacts	Augmentation des caractéristiques du sol en place faible	Très bonne
Drains plats	Tous types de sols	> 20 m	Maille 1 à 2,25 m²	Réduction des pressions interstitielles	Économique	Faible transmissivité Efficacité dans le temps pas assurée	Faible
Injection solide (compactage horizontal statique)	Tous les sols	> 20 m	Maille carrée ou triangulaire de 1 à 4,5 m d'espacement, et habituellement de 1,5 à 2 m	$Dr > 80\ \%$ $(N1)_{60} = 25$ $q_C = 10\text{-}15$ MPa (en fonction du type de sol)	Utilisé dans les sols fins Pas de vibrations Foreuse de petit gabarit	Rendement faible	Bonne

INCLUSIONS SOUPLES						
Colonnes ballastées	Sable limono-argileux, limon argileux, argile	> 20 m	Maille carrée et triangulaire Esp. 1,5 à 3 m	q_C > 10 MPa P_l > 1,2 MPa	Efficacité éprouvée, renforcement de sol et drainage	Équipement spécial peu adapté dans galets et blocs et matériaux fluants	Très bonne
Plots ballastés	Sable limono-argileux, limon argileux	4-5 m	Maille carrée et triangulaire Esp. 3 à 5 m	q_C > 10 MPa P_l > 1,2 MPa	Efficacité éprouvée, renforcement de sol et drainage	Profondeur limitée, vibrations, dégagement exigé Peu adapté dans les matériaux fluants	Très bonne
INCLUSIONS RIGIDES						
Inclusions béton ou mortier de petit diamètre	La plupart des sols	40 m	Maille carrée ou triangulaire de 3 à 9 m²	Dépend du mortier ou du béton (E variable de 5 à 10 000 MPa)	Réduit fortement les tassements	Ne traite pas la liquéfaction Armature à envisager dans certains cas	Faible à moyenne
Inclusions de sol traité aux liants (Deep Soil Mixing)	La plupart des sols	20 m	Paroi disposée en alvéoles	Dépend de la taille, de la résistance et de la configuration des éléments	Confinement du sol liquéfiable, résistance fonction du sol et du dosage en liants	Sols fortement organiques et blocs	Bonne
Jet Grouting	Tous les sols, mais difficultés dans les argiles plastiques	Pas de limites	Dépend de l'application en paroi ou en colonnes, taux de substitution de 15 à 25 %	« Solidification » du sol selon la taille, la résistance et la configuration des éléments injectés	Sols fins, forage de petit diamètre pouvant être incliné, petite foreuse	Rendement faible	Bonne

2.2   Choix du système de fondation

Étant donné la variabilité des caractéristiques du sol et l'incertitude de l'action sismique, la conception des fondations et leurs liaisons avec la superstructure doivent assurer une sollicitation sismique uniforme de l'ensemble du bâtiment **[EC8-1/4.2.1.6-(1)P]**, **[EC8-5/5.1, /5.2]**.

Le système de fondation doit respecter en complément des dispositions de l'**EC7-1** [7] les prescriptions suivantes **[EC8-5/5.1-(1)P]** :

- Les sollicitations de la superstructure sont transférées sans déformations permanentes **[EC8-5/5.3.2]**, **[EC8-1/2.2.2-(4)P]** ;
- Lors de la détermination des réactions, il faut prendre en compte la résistance effective de l'élément de structure qui transmet les actions **[EC8-1/2.2.2-(4)P]** ;
- Les déformations du sol induites par le séisme sont compatibles avec les exigences fonctionnelles de la structure ;
- Les propriétés des sols améliorés doivent être prises en compte **[EC8-5/5.1-(2)P]** : amélioration (colonnes ballastées) ou substitution du sol original.

La raideur des fondations doit être suffisante pour permettre une transmission au sol aussi uniforme que possible **[EC8-1/2.2.4.2-(1)P]** :

* Pour les bâtiments dont le contreventement est assuré par un nombre limité de murs en béton armé d'épaisseur et de rigidité différentes, il est recommandé de choisir une fondation rigide **[EC8-5/5.2-(2)P-(a)]** de type caisson avec un radier et une dalle supérieure **[EC8-1/4.2.1.6-(2)]**. La solution de type caisson peut être adoptée aussi dans le cas d'un même ensemble comportant des superstructures en charpente métallique (voir figure 2.2).

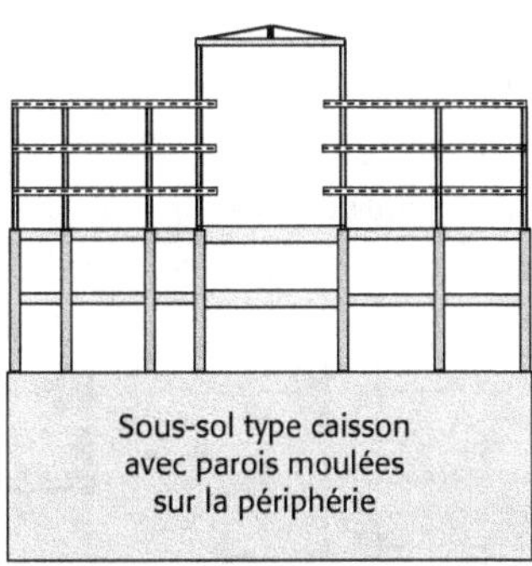

Figure 2.2 Charpente métallique en superstructure et sous-sol type caisson

* Pour les bâtiments ayant des fondations isolées (semelles ou pieux), il faut respecter les critères **[EC8-5/5.2-(2)P-(b)]** de liaisons horizontales donnés à la section 2.4.
* Pour l'utilisation d'une solution mixte (pieux et semelles), il faut mettre en œuvre une étude spécifique pour démontrer le caractère adéquat d'une telle solution **[EC8-5/5.2-(1)P]**. Il s'agit, plus particulièrement, du cas du substratum en pente.

Normalement, un seul type de fondation est généralement utilisé pour une même structure, sauf si on peut séparer en unités dynamiquement indépendantes **[EC8-1/2.2.4.2-(2)]**. À moins que l'ouvrage ne soit adapté à la pente (voir figure 2.3), cette règle d'application ne peut pas être respectée dans le cas d'un substratum en pente.

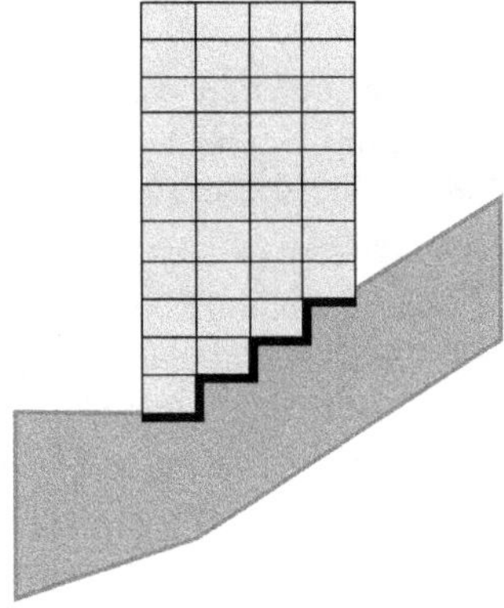

Figure 2.3 Adaptation à la pente de l'ouvrage

Dans cette situation, une solution mixte pieux-semelles peut être adoptée. Mais pour obtenir un niveau de sécurité équivalent à celui d'un bâtiment ayant un substratum horizontal, il faut mettre en œuvre une étude spécifique pour démontrer le caractère adéquat d'une telle solution **[EC8-5/5.2-(1)P ; 2(P)]** :

- la fondation doit être suffisamment rigide pour transmettre au sol, de manière uniforme, les actions localisées de la superstructure ;
- les effets des déplacements horizontaux relatifs entre les éléments verticaux des entités dynamiquement indépendantes doivent être pris en compte dans le choix de la rigidité de la fondation dans son plan horizontal ;
- transférer éventuellement les efforts horizontaux vers la bêche (cf figure 2-4) ;
- vérifier les pieux à la flexion engendrée par la mise en mouvement du remblai ou des éboulis,
- tenir compte de la torsion d'axe verticale y compris la torsion additionnelle ;
- évaluer l'incidence, sur les pieux, de l'effet du second ordre P-Δ.

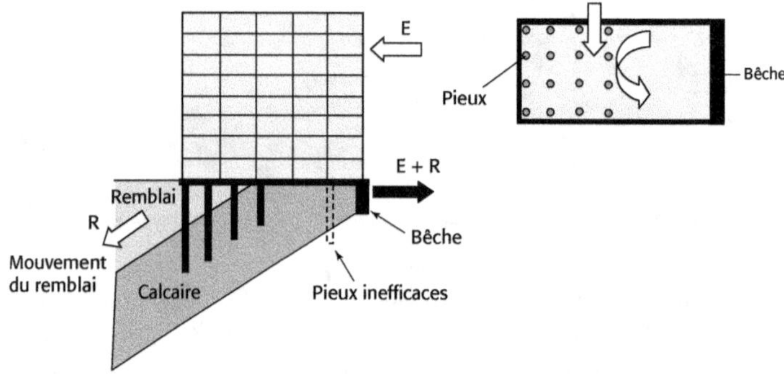

Figure 2.4 Transmission au sol des sollicitations sismiques et de la poussée du remblai non stabilisé par l'intermédiaire d'une bêche ancrée dans le rocher

Le dimensionnement en capacité lors de la détermination des réactions, exige de prendre en compte la résistance effective (éventuelles surrésistances) de l'élément de structure qui transmet les actions **[EC8-1/2.2.2-(4)P]**. Il n'est pas nécessaire que ces effets soient supérieurs à ceux correspondant à la réponse de la structure dans le domaine élastique (q = 1,0) **[EC8-1/4.4.2.6-(2)P]**.

Le terme « domaine élastique » doit se comprendre comme indépendant des sollicitations de calcul déterminées selon les combinaisons habituelles. L'objectif est *a priori* de protéger les fondations superficielles et profondes pour lesquelles aucune investigation post-sismique n'est possible (et de fait de permettre son réemploi potentiel).

En contrepartie, si les effets de l'action sur les fondations ont été déterminés **[EC8-1/4.4.2.6-(3)]** en utilisant la valeur du coefficient de comportement q applicable aux structures faiblement dissipatives **[EC8-1/2.2.2-(2)]**, aucun dimensionnement en capacité n'est exigé.

Le dimensionnement en capacité des fondations isolées d'éléments verticaux individuels (murs ou poteaux) est considéré comme satisfait **[EC8-1/4.4.2.6-(4)]** si les valeurs de calcul des effets de l'action E_{Fd} sur les fondations sont calculées par l'expression :

$$E_{Fd} = E_{F,G} + \gamma_{R,d}\, \Omega\, E_{F,E} \tag{2.1}$$

Coefficient de surrésistance ou de surcapacité :

$\gamma_{Rd} = 1,0$ pour $q \leq 3$

$\gamma_{Rd} = 1,2$ pour $q > 3$

$E_{F,G}$ = effet dû aux actions non-sismiques incluses dans la combinaison d'actions pour la situation sismique de calcul ;

$E_{F,E}$ = effet de l'action issu de l'analyse pour l'action sismique de calcul ;

Ω = coefficient d'amplification dynamique,

$$\Omega = \frac{\text{Résistance de l'élément structural i connécté à la fondation} : R_{di}}{\text{Effet de l'action sisimique sollicitante correspondant à l'élément i} : E_{di}} < q \quad (2.2)$$

Fondations des murs ou des poteaux d'ossatures en portique [EC8-1/4.4.2.6-(5)]

Valeur minimale du rapport Ω dans les deux directions orthogonales principales, de la section transversale la plus réduite où une rotule plastique peut se former dans l'élément vertical, dans la situation sismique de calcul :

$$\Omega = \underset{\text{MIN}}{} \left[\frac{M_{Rd}}{M_{Ed}} \right] \quad (2.3)$$

Fondations de poteaux de triangulations à barres centrées [EC8-1/4.4.2.6-(6)]

Valeur minimale du rapport Ω dans les deux directions orthogonales principales, sur toutes les diagonales en tension de la triangulation :

$$\Omega = \underset{\text{MIN}}{} \left[\frac{N_{pl,Rd}}{N_{Ed}} \right] \quad (2.4)$$

Fondations de poteaux de triangulations à barres excentrées [EC8-1/4.4.2.6-(7)]

Valeur minimale du rapport Ω dans les deux directions orthogonales principales, de tous les tronçons courts de la triangulation :

$$\Omega = \underset{\text{MIN}}{} \left[\frac{V_{pl,Rd}}{V_{Ed}} \right] \quad (2.5)$$

Ou la valeur minimale du rapport Ω dans les deux directions orthogonales principales, de tous les tronçons intermédiaires et longs de la triangulation :

$$\Omega = \underset{\text{MIN}}{} \left[\frac{M_{pl,Rd}}{M_{Ed}} \right] \quad (2.6)$$

Dans le cas des fondations communes à plusieurs éléments verticaux **[EC8-1/4.4.2.6-(8)]** (longrines de fondation, semelles filantes, radiers, etc.), le dimensionnement en capacité est satisfait si :

- la valeur de Ω est déduite de l'élément vertical ayant l'effort tranchant horizontal le plus important ;
- ou, en variante, si l'on utilise une valeur de $\Omega = 1$ alors le coefficient de surrésistance doit être majoré (expression 6.1) à $\gamma_{Rd} = 1,4$, soit :

$$E_{Fd} = E_{F,G} + 1,4 \, E_{F,E} \quad (2.7)$$

Finalement, l'Eurocode 8 précise les conditions d'utilisation du dimensionnement en capacité :

1) Si les effets de l'action sismique pour les éléments de fondations sont déduits **[EC8-1/5.8.1-(2)P]** de considérations de dimensionnement en capacité telles que définies ci-dessus, il n'est pas prévu de dissipation d'énergie. Et donc les fondations doivent rester dans le domaine élastique.

2) Si les effets de l'action sismique pour les éléments de fondations sont déduits **sans prendre en compte [EC8-1/5.8.1-(3)P]** les considérations de dimensionnement en capacité telles que définies ci-dessus, alors leur conception et leur dimensionnement doivent respecter les règles correspondant aux éléments de superstructure pour la classe de ductilité retenue. Pour les longrines, les efforts tranchants de calcul seront déterminés sur la base de considérations de dimensionnement en capacité : DCM **[EC8-1/5.4.2.2]** ou DCH **[EC8-1/5.5.2.1-(2)P ; /5.5.2.1-(3)]**.

3) Si les effets de l'action sismique pour les éléments de fondations sont déduits en utilisant les valeurs suivantes pour le coefficient de comportement (structures faiblement dissipatives) :

$q \leq 1{,}5$ pour les bâtiments en béton,

$q \leq 1{,}5$ à $2{,}0$ pour les bâtiments métalliques,

alors, pour la conception et le dimensionnement des éléments de fondations, on peut suivre les prescriptions de l'Eurocode 2.

Afin d'éviter toute ambigüité **[EC8-5/5.4.2]**, les types de fondations sont définis en fonction du rapport H/D_ℓ (ou H/B) par le tableau 2.2 avec de la hauteur d'encastrement équivalente (cf. annexe D-NPF 94262).

Tableau 2.2 Types de fondations

Type de fondations	Élancement	Observations
Fondations superficielles	$De/B < 1{,}5$	–
Puits en gros béton Diamètre 1,20 m (voir § 8.5)	$1{,}5 \leq H/D_\ell \leq 5$	La présence d'armatures est nécessaire pour la transmission de l'effort horizontal
Pieux (voir § 8.2)	$D > 30$ cm $H/D_\ell > 5$	–
Barrettes (voir § 8.4)	–	Pas d'indication dans l'EC 8 reprise des recommandations P 92
Micropieux (voir § 8.3)	$D \leq 30$ cm	Pas d'indication dans l'EC 8 reprise des recommandations P 92

2.3 Variabilité spatiale de l'action sismique

Les mouvements qui se produisent au cours du séisme n'ont aucune raison de se manifester proportionnellement et de façon synchrone sous tous les points d'appui ; ils peuvent revêtir temporairement des amplitudes supérieures à celles des déplacements finaux.

Pour les structures ayant des caractéristiques particulières telles qu'il n'est pas raisonnable d'admettre le même mouvement sismique à tous les points d'appui, des modèles spatiaux de l'action sismique doivent être utilisés [**EC8-1/3.2.2.1-(8) ; /3.2.3.2-(1)P**] :

- halls industriels ne pouvant comporter des longrines et dont le dallage est désolidarisé des poteaux pour permettre le tassement différentiel, ou bien encore comportant des caniveaux ;

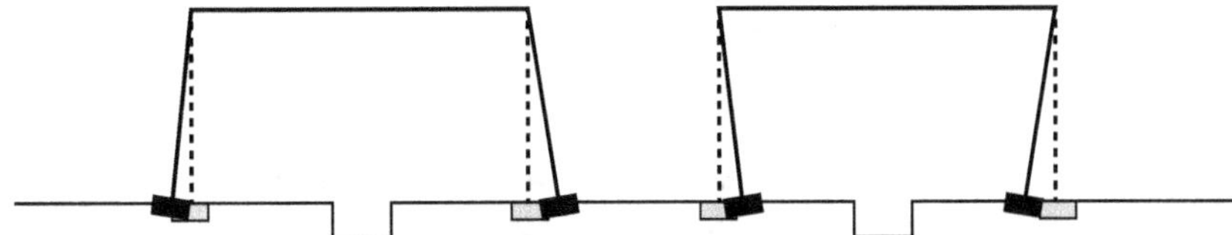

Figure 2.5 Actions de traction ou de compression en cas d'absence de solidarisation de semelles

- les propriétés du sol le long du bâtiment varient de telle sorte qu'on rencontre deux types de sol différents ;

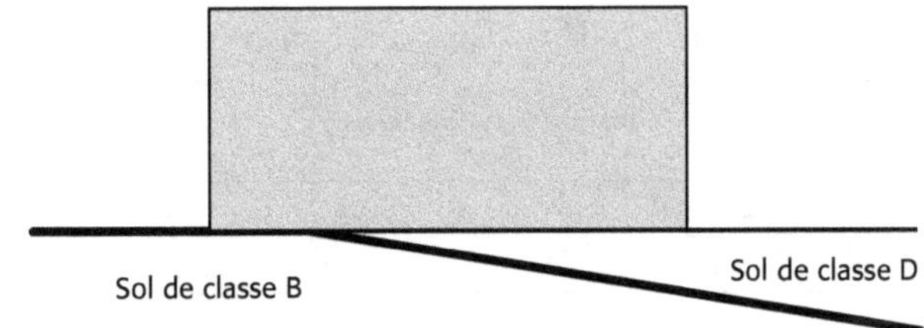

Figure 2.6 Ouvrage avec des actions sismiques non corrélées à cause de deux types de sol

- les propriétés du sol le long du bâtiment sont approximativement uniformes, mais la longueur du bâtiment sans joints est supérieure à la longueur limite L_{lim} :

$$L_{lim} = \frac{L_g}{4} \text{ à } \frac{L_g}{1,5} \tag{2.8}$$

Les vitesses d'ondes sismiques peuvent atteindre des valeurs de l'ordre de 100 m/s dans les sols de mauvaise qualité (classe E) et de 3 000 m/s dans la roche de bonne qualité (classe A). Une onde sismique a donc besoin d'un certain temps pour exciter tous les points du sol et donc de l'ouvrage associé ; l'effet de déphasage d'ondes provoque des mouvements différentiels dans le sol et des déformations dans la structure (indépendantes de sa réponse dynamique) en contact direct avec le sol.

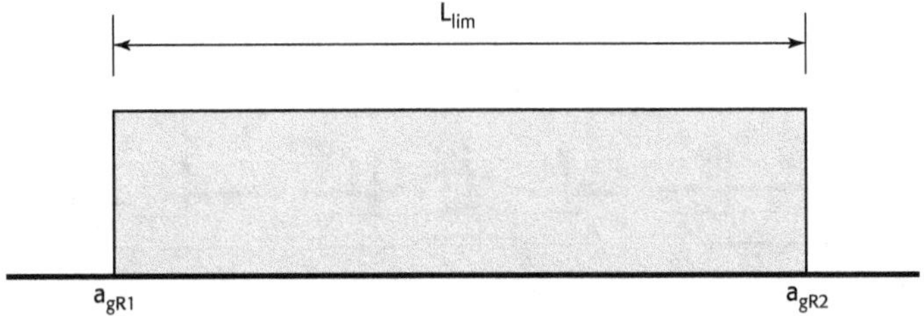

Figure 2.7 Ouvrage de grande longueur avec les actions sismiques a_{gR1} et a_{gR2} non corrélées

Par application de l'article EC8-2/3.3 on prend en compte un déplacement différentiel, pseudo-statique, qui dépend du type de sol traversé, mais qui ne dépend pas de la masse de la structure.

Sur un site sans discontinuité mécanique ou topographique accusée, le déplacement différentiel d_{ri} maximal entre deux points distants **[EC8-2/3.3-(6)]** de la longueur L_i est donné par :

$$d_{ri} = \varepsilon_r \cdot L_i = \frac{L_i}{L_g} \, d_g \, \sqrt{2} \tag{2.9}$$

où :

d_g = déplacement du sol qui, en dehors d'une analyse comportant un modèle spatial, peut être estimé avec l'expression suivante **[EC8-1/3.2.2.4-(1)]** :

$$d_g = 0,025 \cdot a_g \cdot S \cdot T_C \cdot T_D \,;$$

L_i = distance en plan horizontal entre le point de référence et le point d'extrémité ;

L_g = distance en plan horizontal au-delà de laquelle les mouvements du sol peuvent être considérés comme entièrement indépendants conformément au tableau 2.3 ;

Tableau 2.3 Distances L_g

Type de sol	A	B	C	D	E
L_g (m)	600	500	400	300	200

2.4   Solidarisation des fondations

Il est important de rappeler que l'action sismique est transmise par le sol à la structure par l'intermédiaire des fondations. Le sol étant « moteur », pour obtenir un comportement monolithique de la structure et un déplacement en « phase », il faut disposer des liaisons appropriées au niveau des fondations. En l'absence de ces liaisons, les points d'appui de la structure risquent de subir un déplacement différentiel (voir figure 2.8a), ce qui n'est pas conforme à l'approche spécifique propre à la conception et au calcul des bâtiments ayant des dimensions courantes entre les joints, à savoir : l'ensemble des éléments d'un même bloc sont animés de mouvements pratiquement identiques et synchrones.

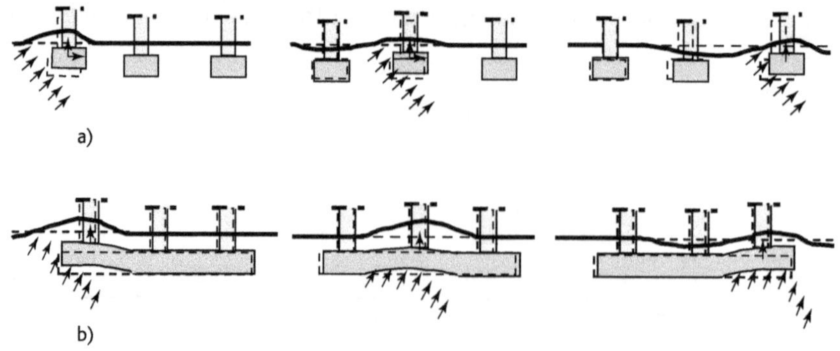

Figure 2.8 Solidarisation des fondations : a) Sans longrine : déplacement différentiel b) Avec longrine : déplacement en phase

Les éléments servant de liaisons entre les points d'appui de la structure ont un double rôle :

- transférer les efforts horizontaux aux fondations et les répartir entre les points d'appui ;
- éviter au niveau des fondations des déplacements relatifs horizontaux avec des conséquences pour la structure **[EC8-5/5.4.1.2-(1)P]**.

Pour obtenir ce fonctionnement, les fondations d'un même bloc de construction doivent être disposées dans le même plan horizontal et de plus, comporter un réseau de longrines ou un dallage en tête des semelles ou des pieux **[EC8-5/5.4.1.2-(2) ; (3)]**. Il faut néanmoins remarquer que :

- l'utilisation d'une dalle ou de longrines reliant les fondations suivant les deux directions principales est recommandée par l'EC8 partie 1 **[EC8-1/4.2.1.6-(3)]** dans le cas des fondations isolées (semelles ou pieux), **[EC8-5/5.4.1.2]** ;
- il n'est pas nécessaire de prévoir ces liaisons dans le cas des sols rocheux (classe A) et pour des sols de classe B (sable très dense, gravier, argile) en cas de faible sismicité (Z2) ;
- les poutres et le dallage du plancher inférieur du bâtiment peuvent être considérés comme longrines pour autant qu'ils soient situés à une distance $\leq 1,00$ m de la face inférieure des semelles ou des têtes de pieu **[EC8-5/5.4.1.2-(3)]**. Pour éviter les poteaux courts au-dessus des fondations, il faut que les longrines ou le dallage pénètrent dans la semelle (voir figure 2-9) ;
- la réglementation rend obligatoire la solidarisation des points d'appui dans le cas de fondations profondes et dispense, dans certains cas (voir ci-dessus), de réaliser cette solidarisation pour les fondations superficielles, à condition que les effets des déplacements différentiels soient pris en compte dans le calcul (cf § 2.4).

Il faut néanmoins être conscient du fait que la prise en compte des déplacements différentiels, ainsi que la rotation propre de la fondation, impliquent un calcul du même type que celui qui est appliqué aux ponts, où l'on prend en compte les déplacements du sol, des supports (piles ou culées) et du tablier sur appuis en élastomère.

Pour améliorer la stabilité globale dans le cas de plusieurs blocs séparés par des joints de dilatation, il est conseillé de supprimer ces joints au niveau de fondations.

On dispose ainsi, entre le sol « générateur de l'action sismique » et la superstructure, d'un ensemble monolithe de transition, constitué soit par des longrines, soit par un radier, soit encore par un ensemble « caissonné » composé de la structure du sous-sol et du radier.

Les éléments d'ossature concourant à l'équilibre, les longrines de solidarisation ou le dallage doivent être dimensionnés **[EC8-5/5.4.1.2-(6) ; (7)]** pour reprendre un effort axial minimal de traction ou de compression F_{Ed} en fonction de l'effort normal de calcul N_{Ed} des éléments verticaux assemblés en situation sismique :

- sol de classe B (sable dense, gravier, argile raide) : $\quad F_{Ed} = \pm\, 0,3 \cdot \alpha \cdot S \cdot N_{Ed}$ $\hspace{2cm}$ (2.10)
- sol de classe C (sable moyennement dense) : $\quad F_{Ed} = \pm\, 0,4 \cdot \alpha \cdot S \cdot N_{Ed}$ $\hspace{2cm}$ (2.11)
- sol de classe D (sols sans cohésion) : $\quad F_{Ed} = \pm\, 0,6 \cdot \alpha \cdot S \cdot N_{Ed}$ $\hspace{2cm}$ (2.12)

avec :

S : paramètre caractéristique de la classe de sol et $\alpha = \dfrac{\gamma_I\, a_{gr}}{g}$ rapport de la valeur de calcul de l'accélération du sol de classe A à l'accélération de la pesanteur. Le tableau 2.4 donne le % N_{Ed} à appliquer aux longrines.

Tableau 2.4 Efforts de traction ou de compression [EC8-5/5.4.1.2-(6) ; (7)] : ± % N_{Ed}

Zones de sismicité	Catégories d'importance de bâtiments	Sols de classe		
		B	C	D
Z2 (faible)	I	2,2 %	3,4 %	5,4 %
	II	2,8 %	4,2 %	6,7 %
	III	3,4 %	5,0 %	8,0 %
	IV	3,9 %	5,9 %	9,4 %
Z3 (modérée)	I	3,6 %	5,3 %	8,4 %
	II	4,5 %	6,6 %	10,5 %
	III	5,4 %	7,9 %	12,6 %
	IV	6,3 %	9,2 %	14,7 %
Z4 (moyenne)	I	5,2 %	7,7 %	12,3 %
	II	6,5 %	9,6 %	15,4 %
	III	7,8 %	11,5 %	18,5 %
	IV	9,1 %	13,4 %	21,6 %
Z5 (forte)	I	8,6 %	11,0 %	19,4 %
	II	10,8 %	13,8 %	24,3 %
	III	13,0 %	16,6 %	29,2 %
	IV	15,1 %	19,3 %	34,0 %

Les aciers longitudinaux doivent être ancrés complètement dans les autres longrines ou dans l'épaisseur de la semelle.

Les forces F_{Ed} sont appliquées au niveau du centre de gravité des semelles dans le cas de fondations superficielles, au niveau de l'interface avec la structure dans le cas de fondations profondes et aux poutres du plancher sur vide sanitaire situées à une distance de moins de 1,00 m **[EC8-5/5.4.1.2-(3)]**. La partie 1 de l'EC8 est plus précise, et dans le but d'éviter les poteaux courts dans les fondations (voir figure 2.9a), la face inférieure des longrines ou du dallage doit être placée en- dessous de la face supérieure de la semelle ou de la semelle sur pieu **[EC8-1/5.8.2-(1)P]**.

Pour la vérification des longrines ou zones de dallage avec la fonction tirant, il y a lieu de considérer en même temps **[EC8-1/5.8.2-(2)]** :

les efforts normaux suivant le tableau 2.4 **[EC8-5/5.4.1.2-(6) ; (7)]**

+

les effets déterminés par le dimensionnement en capacité des fondations **[EC8-1/4.4.2.6-(3)]** en appliquant l'expression (3.1)

+

les effets du second ordre

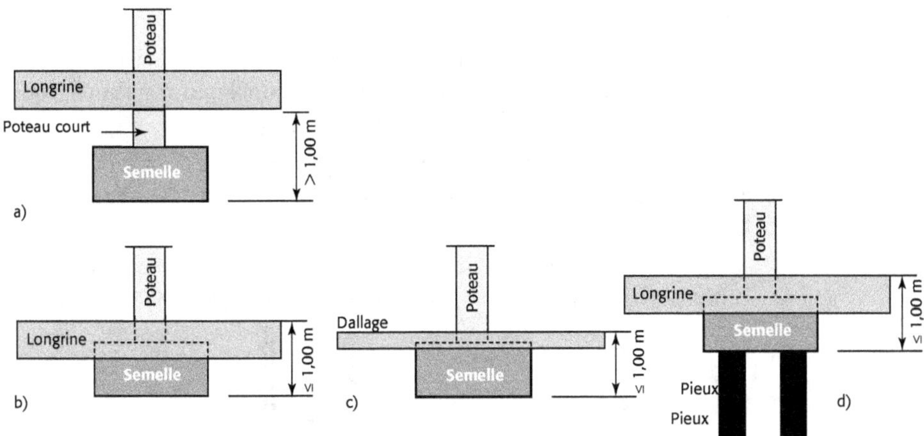

Figure 2.9 Liaisons entre fondations : a) Interdiction des poteaux courts dans les fondations b) Disposition de la longrine par rapport à la semelle c) Disposition du dallage par rapport à la semelle d) Cas de semelle sur longrine

De plus, les dispositions constructives suivantes sont à appliquer :

- dimensions minimales pour chaînages ou longrines **[EC8-1/5.8.2-(3)AN]** :
    - bâtiments ≤ 3 étages : $b_{w,min} \times h_{w,min} = 0,15 \times 0,20$ m ou $0,20 \times 0,15$ m,
    - bâtiments > 3 étages : $b_{w,min} \times h_{w,min} = 0,30 \times 0,30$ m ;
- les dallages reliant les semelles isolées ou les têtes de pieux conçus suivant **[EC8-5/5.4.1.2-(2)]** doivent avoir **[EC8-1/5.8.2-(4)AN]** :
    - l'épaisseur minimale $t_{min} = 0,12$ m,
    - le pourcentage minimal $\rho_{s,min} = 0,4$ % s'appliquant sur une largeur des longrines noyées d'au moins 0,30 m de largeur,
    - il y a lieu, en outre, de respecter pour chacune de ces longrines noyées un minimum d'armatures de 3 cm²,
    - en présence de maçonneries relevant de EC8-1/9.7 et lorsque le produit $a_g.S > 2,0$ m/s², le minimum est porté à 4,5 cm² ;
- les longrines doivent comporter sur toute leur longueur **[EC8-1/5.8.2-(5)AN]** :
    - un pourcentage d'armature longitudinale $\rho_{b,min} = 0,2$ % par face, soit 0,4 %,
    - il y a lieu, en outre, de respecter pour chacune de ces longrines noyées un minimum d'armatures de 3 cm²,
    - de plus, dans le cas de maçonneries relevant du **[EC8-1/9.7]** et lorsque le produit $a_g.S > 2,0$ m/s², le minimum est porté à 4,5 cm² ;
- le nœud **[EC8-1/5.8.3-(1)P]** entre la longrine et l'élément vertical (poteau) doit être traité comme un nœud poteau-poutre en respectant **[EC8-1/5.4.3.3 ; 5.5.3.3]** :
    - classe DCM **[EC8-1/5.8.3-(4)]**, le nœud est traité comme la zone critique du poteau,

— classe DCH, on a deux situations :

— application du dimensionnement en capacité et l'effort tranchant V_{jhd} est déterminé **[EC8-1/5.8.3-(2)]** à partir des résultats obtenus par l'application des articles EC8 **[EC8-1/4.4.2.6-(2)P, (4)], (5), (6)]**,

— non-application du dimensionnement en capacité l'effort tranchant V_{jhd} est déterminé à partir des expressions simplifiées pour les nœuds poteau-poutre **[EC8-1/5.8.3-(3)]** ;

— les barres longitudinales doivent être coudées (ancrées) de telle sorte qu'elles induisent une compression (cf figure 2-10) dans la zone de liaison **[EC8-1/5.8.3-(5)]**.

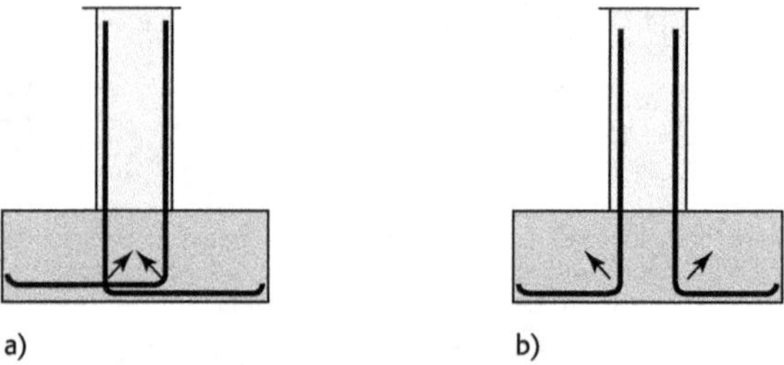

Figure 2.10 Disposition des barres longitudinales : a) pour induire une compression dans le nœud
b) mauvaise disposition

Dans le cas des structures légères halls en éléments préfabriqués béton ou en charpente métallique, on peut valablement remplacer le réseau bidimensionnel de longrines par un dallage faisant office de tirant ou de buton dans le sens transversal (voir figure 2.11, a et b) et de poutre-cloison, en plan horizontal, dans le sens longitudinal afin de transmettre aux façades l'action sismique (figure 2.11 c).

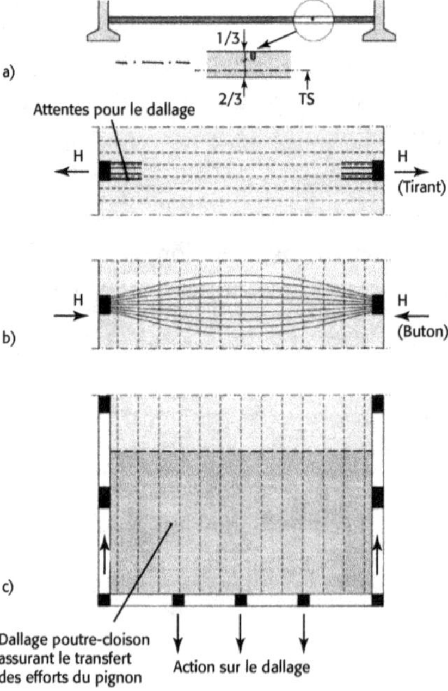

Figure 2.11 Transmission des efforts par le dallage : a) tirant, b) buton, c) poutre-voile

2.5 Amélioration et renforcement du sol

De manière générale, l'objectif des procédés de renforcement et d'amélioration du sol est de conférer à celui-ci de nouvelles caractéristiques générales et/ou locales afin que des fondations de type superficiel ayant un comportement prévisible, justifiable et compatible avec les règlements et tolérances puissent être envisagées. Quel que soit le projet, le constat de la performance doit être considéré en analysant le degré de renforcement du sol et le comportement de celui-ci par rapport à une situation sans renforcement de sol.

Le renforcement de sol par inclusions souples ou rigides n'excède pas, en règle générale, l'emprise de l'ouvrage si aucun aménagement extérieur amenant des surcharges n'est prévu ou si aucun risque de liquéfaction n'a été envisagé. Par contre, l'amélioration de sol qui se traduit par une densification des sols en place, doit s'effectuer au-delà de l'emprise de l'ouvrage sur une surlargeur d'un mètre minimum. La présence de mitoyens amène à prévoir soit une coupure de type tranchée en coulis ou béton, soit une reprise en sous-œuvre en préventif. Au paragraphe 3.1.4 figurent des indications sur la surlargeur à envisager en cas de risque de liquéfaction.

Les techniques d'amélioration et de renforcement de sol sont un moyen de conférer au sol des caractéristiques mécaniques suffisantes pour permettre d'envisager des fondations superficielles (de type semelles, radiers ou dallage), ou l'édification d'un remblai.

Ce paragraphe présente brièvement la plupart des procédés d'amélioration et de renforcement de sol pouvant être employés. Le choix du procédé le plus approprié au site et aux problèmes à traiter ne peut se faire que par une bonne compréhension des mécanismes de base du renforcement de sol.

Les différents procédés peuvent être classés en trois grandes familles (voir figure 2.12). En zone sismique, elles apparaissent dans l'ordre de préférence suivant :

- amélioration de sol dans la masse ;
- renforcement de sol par inclusions souples ;
- renforcement de sol par inclusions rigides.

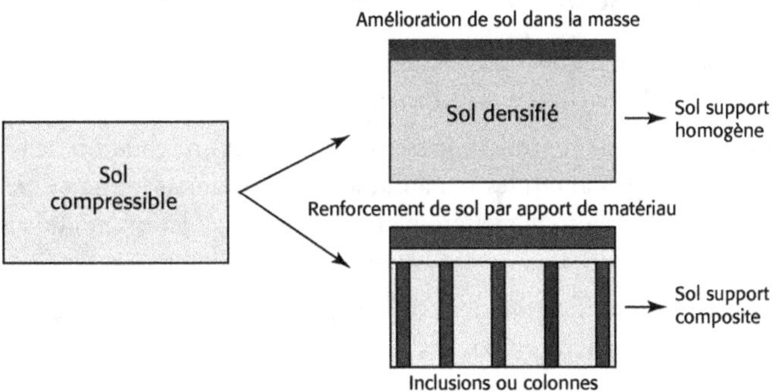

Figure 2.12 Schéma des différentes familles d'amélioration et de renforcement de sols

2.5.1 Domaine d'application

Le domaine d'application de chaque procédé en fonction de la nature du sol est représenté sur le tableau 2.5.

Tableau 2.5 Domaine d'application des différentes techniques

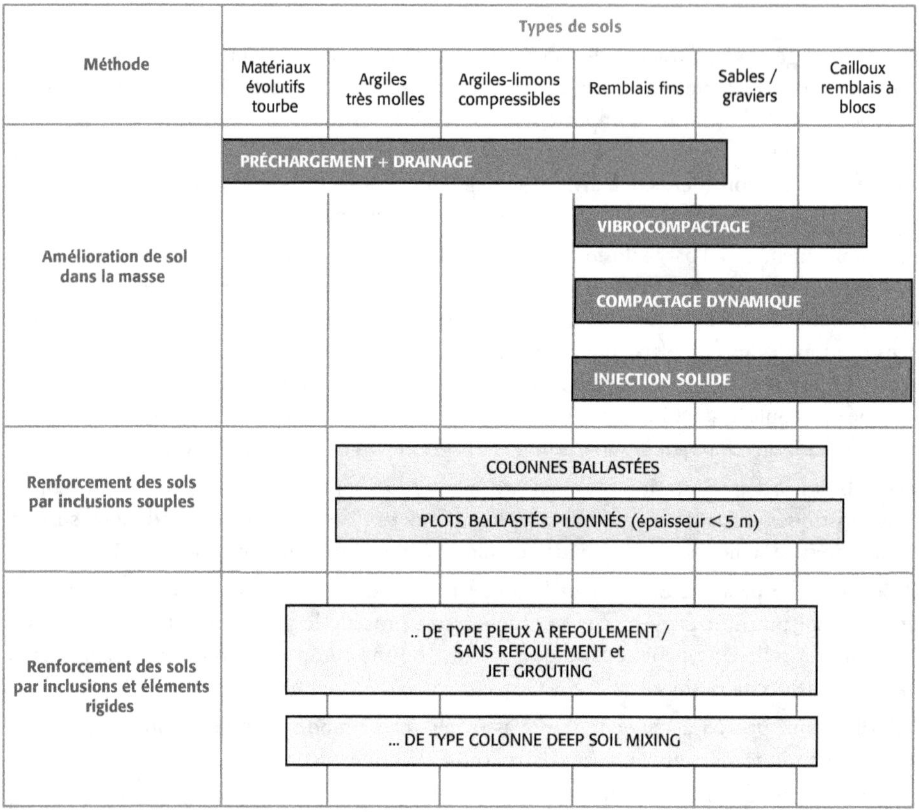

<table>
<tr>
<td rowspan="2">Méthode</td>
<td colspan="6">Types de sols</td>
</tr>
<tr>
<td>Matériaux évolutifs tourbe</td>
<td>Argiles très molles</td>
<td>Argiles-limons compressibles</td>
<td>Remblais fins</td>
<td>Sables / graviers</td>
<td>Cailloux remblais à blocs</td>
</tr>
<tr>
<td rowspan="4">Amélioration de sol dans la masse</td>
<td colspan="5">PRÉCHARGEMENT + DRAINAGE</td>
<td></td>
</tr>
<tr>
<td></td>
<td></td>
<td></td>
<td colspan="3">VIBROCOMPACTAGE</td>
</tr>
<tr>
<td></td>
<td></td>
<td></td>
<td colspan="3">COMPACTAGE DYNAMIQUE</td>
</tr>
<tr>
<td></td>
<td></td>
<td></td>
<td colspan="3">INJECTION SOLIDE</td>
</tr>
<tr>
<td rowspan="2">Renforcement des sols par inclusions souples</td>
<td></td>
<td colspan="4">COLONNES BALLASTÉES</td>
<td></td>
</tr>
<tr>
<td></td>
<td colspan="4">PLOTS BALLASTÉS PILONNÉS (épaisseur < 5 m)</td>
<td></td>
</tr>
<tr>
<td rowspan="2">Renforcement des sols par inclusions et éléments rigides</td>
<td></td>
<td colspan="5">.. DE TYPE PIEUX À REFOULEMENT / SANS REFOULEMENT et JET GROUTING</td>
</tr>
<tr>
<td></td>
<td colspan="5">... DE TYPE COLONNE DEEP SOIL MIXING</td>
</tr>
</table>

2.5.2   Interaction sol-structure

Le dimensionnement sismique d'un ouvrage est effectué à partir de l'impédance dynamique du sol renforcé, dans le mode vertical et horizontal.

Dans le mode vertical, il apparaît comme un tassement du sol et une rotation de la fondation autour d'un axe horizontal. Les modules dynamiques E et G du sol renforcé peuvent être déterminés par des méthodes d'homogénéisation consistant à calculer un module à partir des déformées du sol renforcé obtenues par la modélisation.

Dans le mode horizontal, la modification de la rigidité globale est étroitement liée à la nature, à la mise en œuvre (par refoulement ou par extraction de sol) et au taux de substitution des éléments de renforcement.

Sans justification particulière, le module de cisaillement G équivalent du sol traité est considéré comme égal au module G du sol non traité.

À partir du module de cisaillement G, les formules de Gazetas (1998)[30] (voir annexe D) permettent ensuite de calculer les raideurs en translation verticale K_z et en balancement K_{rx} et K_{ry}.

2.5.3 Liquéfaction

Le phénomène de liquéfaction est lié à une augmentation de la pression interstitielle associé au cisaillement du sol jusqu'à ce qu'elle soit égale à la contrainte effective du sol.

L'augmentation du coefficient de sécurité vis-à-vis du risque potentiel de liquéfaction à une valeur supérieure ou égale à 1,25 ou à un $r_u \leq 0,6$ permet de sortir le sol de la classe S2.

Pour un sol susceptible de se liquéfier, on cherche à augmenter le coefficient de sécurité qui se traduit par le rapport (§ 4.1.4 EN 1998-5)

$$FS = \frac{CRR}{CSR} \geq 1,25 \qquad (2.13)$$

où :

CRR = la résistance au cisaillement cyclique moyenne du sol en place ;

CSR = la contrainte de cisaillement transmise au sol par le séisme.

Selon le procédé retenu, le potentiel de liquéfaction peut être réduit :

- en augmentant la compacité du sol : augmentation de CRR (vibrocompactage, compactage dynamique, colonnes ballastées, injection solide, etc.) ;
- en drainant (mise en place de drains, colonnes ballastées) ;
- en diminuant la contrainte de cisaillement dans le sol par la mise en place d'un réseau d'éléments plus raides (colonnes ballastées, inclusions rigides) : diminution de CSR ;
- en confinant le sol liquéfiable (surcharge permanente sur le sol, avec ou sans substitution de surface, avec ou sans caissonnage…) ;
- en combinant certaines des actions précédentes.

Tableau 2.6 **Actions des différents procédés sur la diminution du potentiel de liquéfaction**

	Augmentation du CRR	Diminution du CSR	Drainage
Traitement dans la masse (vibrocompactage, compactage dynamique, injection solide)	X		
Inclusions souples (colonnes ballastées, plots ballastés)	X	X	X
Inclusions rigides (forées ou vibro-foncées de petit diamètre, inférieur à 600 mm)	Effet négligeable	Effet négligeable	
Inclusions rigides (procédés particuliers)	X (*)	X (**)	

(*) Augmentation de la compacité par vibration et compression du sol (vibreur de profondeur) ou par compression du sol (injection solide).

(**) *Jet grouting* et DSM par une disposition en caisson et des taux de substitution élevés.

CHAPITRE 3

Amélioration de sol dans la masse

3.1 Principes généraux

Les retours d'expérience ont montré que les renforcements de sol qui ont permis d'augmenter la compacité du sol ont été les plus efficaces vis-à-vis de la liquéfaction.

On entend par traitement dans la masse un procédé qui permet d'augmenter les caractéristiques mécaniques du sol en place sur l'ensemble de la zone traitée, de la manière la plus homogène possible.

Ce traitement aboutit à une augmentation de la densité (figure 3.1), de la raideur et des résistances du sol traité, amenant de la sorte notamment à une diminution du potentiel de liquéfaction.

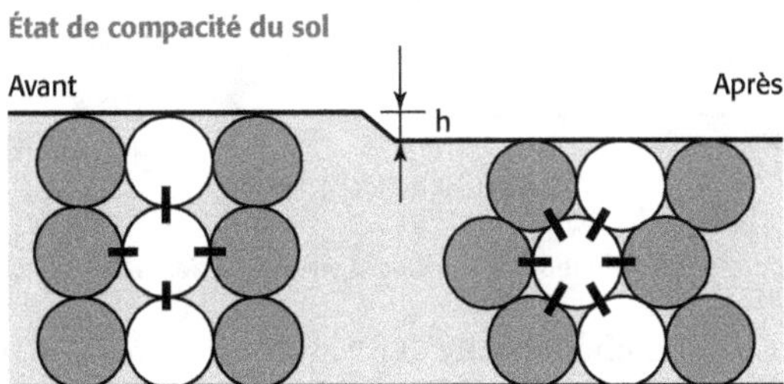

Figure 3.1 Réaménagement des grains avec diminution des vides

3.2   Choix du procédé d'amélioration des sols

La difficulté de ces solutions ne se situe pas dans le dimensionnement, puisque les règles usuelles de calcul des fondations superficielles sont utilisées, mais par contre dans le choix de la technique la plus appropriée et les moyens à mettre en œuvre pour arriver aux objectifs de compacité escomptée.

Le choix de la technique d'amélioration de sol dans la masse est étroitement lié à la granulométrie du sol à traiter et à son pourcentage de fines.

Les performances les plus élevées en termes de compacité sont atteintes dans les sols sans cohésion (sables, sables et graviers) traités par des techniques vibratoires (vibrocompactage, compactage dynamique, compactage par Induction Hydraulique®).

Leur domaine d'application (figure 3.2) correspond justement aux sols les plus susceptibles de se liquéfier lors d'un séisme.

Massarsch 1991 a proposé des critères basés sur les valeurs du pénétromètre statique pour déterminer les zones compactables et non compactables sous l'effet des vibrations.

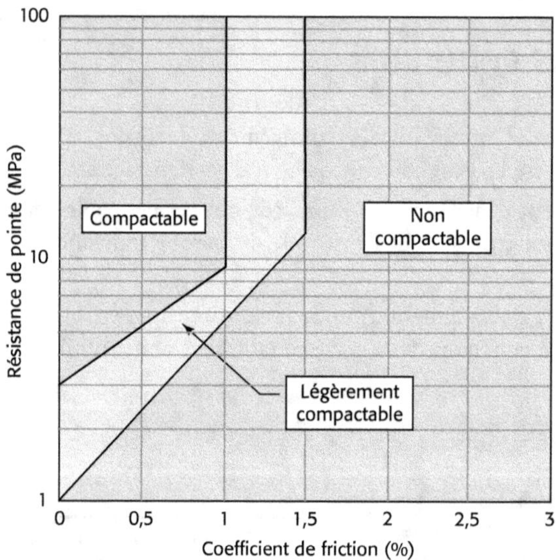

Figure 3.2 Compactage par vibration des sols basé sur le CPT (Massarsch 1991) [28]

Les techniques de vibration profonde (figure 3.3) avec un vibreur en profondeur sont largement utilisées, car elles sont souvent les plus efficaces et les plus économiques. Les équipements et les procédures sont décrits dans la norme NF EN 14731.

L'avantage de la technique de vibrocompactage réside dans le fait que l'on obtient une assise d'ouvrage d'un degré de qualité très élevé et bien maîtrisé, en ayant supprimé tout risque de déformation ultérieure lors d'un séisme. La source vibratoire étant située en pointe de l'outil, l'intensité du compactage est homogène sur toute la hauteur du traitement, pouvant atteindre plusieurs dizaines de mètres de profondeur, à la différence du compactage dynamique où l'intensité du compactage est forcément décroissante avec la profondeur.

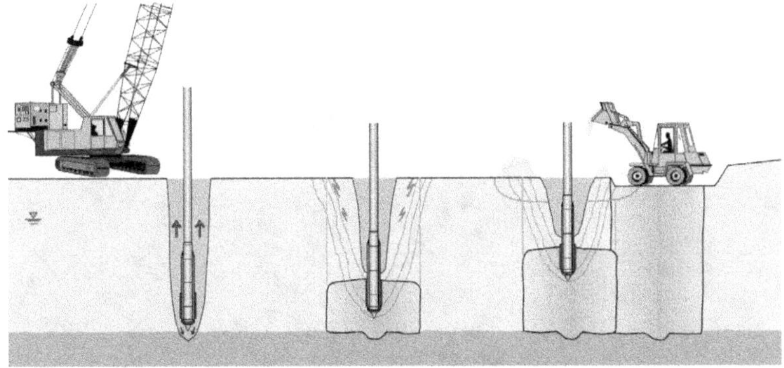

Figure 3.3 Procédure d'exécution du vibro-compactage par vibreur radial (source : Keller)

Le domaine d'application du vibro-compactage (figure 3.3) est limité aux sols granulaires comportant très peu de fines (passant à 80 μm inférieur à 15 %), alors que le compactage dynamique (figure 3.4), du fait de l'effet de compression instantané généré par la chute de la masse, a un domaine d'utilisation qui s'étend sur les sols limoneux.

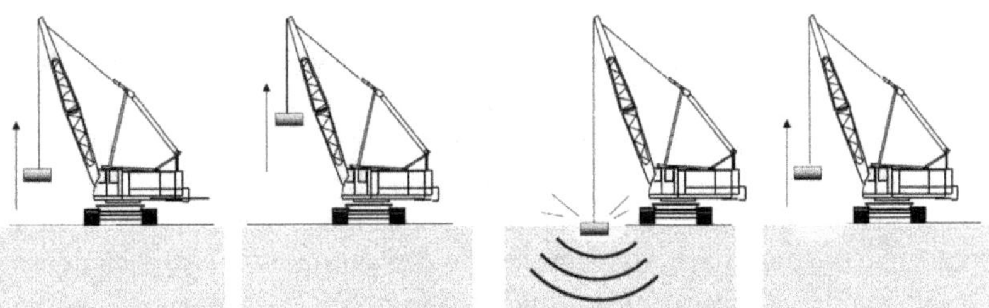

Figure 3.4 Procédure d'exécution du compactage dynamique

Dans la famille des procédés de vibration profonde, une autre méthode spécifique de compactage, appelée Induction Hydraulique® (figure 3.5), permet d'associer les vibrations (vibreur de profondeur) et la compression du sol (refoulement du gravier d'apport par la force d'activation exercée en pointe de l'outil). Les améliorations des caractéristiques mécaniques des sols frottant en place ou de substitution sont très élevées et permettent d'atteindre des portances de 0,5 à 1 MPa aux ELS.

Par contre, dans les sols cohésifs, les vibrations n'ont que très peu d'effet sur les augmentations de caractéristiques, surtout en présence d'eau. Dans ce cas, il faudra plutôt privilégier les procédés qui favorisent la compression des sols (injection solide, colonnes ballastées, préchargement avec ou sans drains). Les augmentations de caractéristiques mécaniques resteront cependant très en deçà des compacités que l'on peut atteindre avec des matériaux pulvérulents.

Lorsque cette augmentation de compacité est insuffisante ou lorsque les sols sont hétérogènes (alternance de lentilles sableuses et sablo-limoneuses), il faudra s'orienter alors plutôt vers des techniques qui combinent les vibrations et le refoulement (par exemple colonnes ballastées, plots ballastés, injection solide vibrée).

En zone urbanisée, les vibrations générées par la chute de la masse du compactage dynamique et les vibreurs de vibrocompactage de forte puissance ne sont souvent pas acceptables au

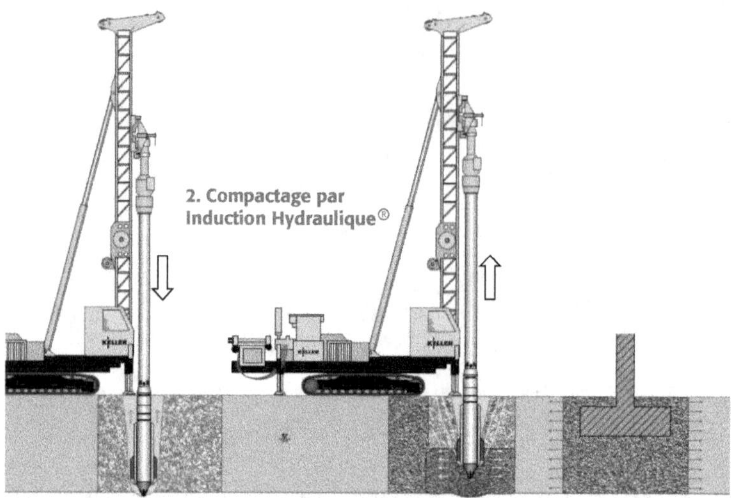

Figure 3.5 Procédure d'exécution de l'Induction Hydraulique® (source : Keller)

voisinage d'ouvrages existants. Dans un tel contexte, il est recommandé soit de prévoir des vibreurs de vibro-compactage moins puissants vibrant à des hautes fréquences entre 40 et 60 Hz et avec des amplitudes inférieures à 1 cm, soit d'envisager un renforcement de sol par injection solide (figure 3.6). Ce dernier consiste à injecter lentement du mortier avec une ouvrabilité très faible (slump inférieur à 10) par l'intermédiaire d'un forage de petit diamètre (10 à 15 cm), afin de comprimer le sol latéralement. Les avantages de cette technique résident dans la possibilité de travailler dans des endroits très restreints et même à l'intérieur d'ouvrages. Le forage de petit diamètre permet de traverser des horizons compacts ou des blocs, là où la technique de vibrocompactage obtient le refus.

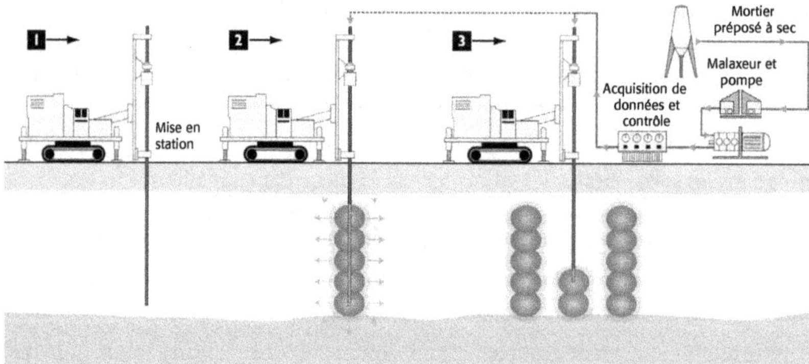

Figure 3.6 Procédure d'exécution de l'injection solide (Compactage Statique Horizontal, CHS®) (source : Keller)

3.3 Justification des améliorations de sol

3.3.1 Vérifications des modes de rupture

Les vérifications des modes de rupture des fondations superficielles sont établies à partir des paramètres du sol amélioré. Ces derniers sont déterminés à partir d'essais in situ réalisés après traitement.

Dans certains cas, si l'estimation de l'augmentation des caractéristiques de sol pour un maillage donné (figure 3.7) est difficile à appréhender (présence de fines ou d'éléments coquilliers), une planche d'essais peut être effectuée avant démarrage des travaux.

Une planche d'essais dans une zone représentative de l'ensemble du site permet non seulement au concepteur ou à l'entreprise d'identifier les difficultés potentielles dans l'exécution et dans les procédures de contrôle, mais également de vérifier les paramètres d'exécution nécessaires pour atteindre les performances du renforcement de sol recherchées.

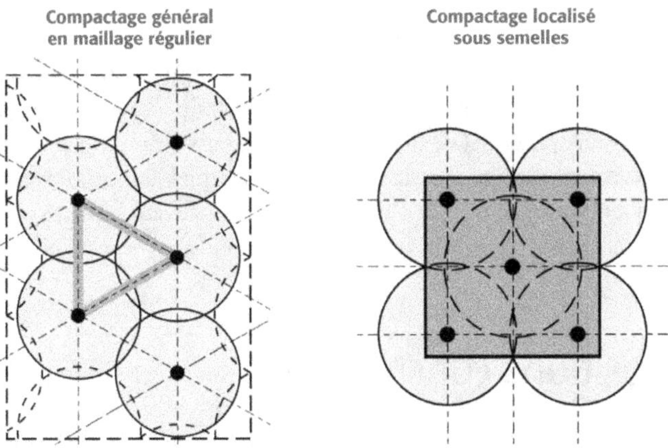

Figure 3.7 Maillage triangulaire de points de vibro-compactage avec leur zone d'influence (source : Keller)

Pour des sols pulvérulents (sables, sables et graviers), la compacité maximale obtenue peut être très élevée (q_C de 10 à plus de 30 MPa), indépendamment de la valeur de compacité initiale et de la teneur en eau. Cela n'est pas le cas pour des sols cohérents, pour lesquels une estimation des caractéristiques mécaniques après compactage est très difficile à appréhender. En plus du pourcentage de fines, le taux d'humidité du sol influe sur la possibilité de le compacter. Et, en général, pour les sols argileux très plastiques et saturés, une amélioration faible voire nulle n'est pas constatée, car l'effet de compression ne se produit pas (déformation à volume constant avec remontée de la plateforme). Dans certains cas, il est recommandé d'associer à ces procédés un réseau de drains, pour accélérer l'évacuation des surpressions interstitielles et réduire ainsi les délais pour la réception des travaux.

Quel que soit le procédé employé, l'augmentation des caractéristiques du sol amélioré n'est mesurable qu'après une période de repos d'une durée variable de plusieurs semaines, en fonction de la nature du sol. L'évaluation de « l'effet temps » peut demander la réalisation d'essais in situ à plusieurs reprises pour suivre l'évolution des caractéristiques à long terme.

Le succès de l'exécution d'une technique de renforcement de sol dépend étroitement de l'élaboration de spécifications claires, faisables et raisonnables et dans l'établissement de procédures de contrôle de la qualité.

Il est important de se familiariser avec les limites qui peuvent être raisonnablement atteintes avec des technologies courantes et de dimensionner ainsi le projet, en conformité avec ces limites.

L'estimation des augmentations de caractéristiques de sol se base sur les principaux paramètres suivants :

* la nature des sols ;
* le taux d'humidité des sols ;
* la stratigraphie ;
* le type de procédé (vibration ou compression du sol ou les deux à la fois) ;
* le maillage ;
* le volume de matériaux refoulés dans le sol pour le comprimer ;
* la perméabilité horizontale et verticale.

3.3.2 Réduction du potentiel de liquéfaction

Afin de vérifier que l'objectif fixé vis-à-vis du risque de liquéfaction a été atteint, on réévalue ce risque en utilisant les paramètres du sol amélioré. Ces derniers seront déduits des essais de contrôle. On associe parfois l'amélioration de sol à des drains, qui peuvent permettre également de réduire le risque potentiel de liquéfaction si on s'assure de leur pérennité au cours de la vie de l'ouvrage. C'est pourquoi seuls les drains de sables ou de graviers, ou des drains tubulaires spécifiquement conçus pour cette application, peuvent être envisagés, en excluant les drains plats préfabriqués.

3.4   Dispositions constructives

Le débord de traitement doit permettre d'assurer une homogénéité des caractéristiques mécaniques et du comportement du sol en limite d'ouvrage, ainsi que la stabilité de l'ouvrage.

Sans étude particulière, les débords suivants sont préconisés :

* sol ne présentant pas de risque de liquéfaction :
    – a priori une maille élémentaire,
    – une étude particulière peut dans certains cas permettre de justifier l'absence de débord ;
* sol présentant un risque de liquéfaction :
    – largeur du débord = moitié de la profondeur de la base de la couche liquéfiable,
    – une étude particulière peut, dans certains cas, permettre d'ajuster cette largeur de débord avec un minimum d'une maille.

Commentaire : Dans certains cas, la limite de propriété ou la présence d'existants ne permet pas ou que partiellement la réalisation d'un débord. Une étude détaillée devra alors vérifier la stabilité et estimer les déformations liées à cette liquéfaction, pour définir ensuite les dispositions constructives à envisager. Si les tassements en périphérie de l'ouvrage risquent d'être préjudiciables pour celui-ci, des injections par imprégnation peuvent être envisagées dans les sables, des injections de type Compactage Statique Horizontal ou une paroi imperméable.

CHAPITRE 4

Renforcement de sol par inclusions souples

4.1 Généralités

Une inclusion souple est un élément vertical constitué de matériau granulaire sans cohésion tel que la colonne ballastée (voir figure 4.1) ou le plot ballasté (voir figure 4.2). La définition et la mise en œuvre d'une colonne ballastée sont régies par la norme NF EN 14731 « Amélioration des massifs de sol par vibration ».

La colonne ballastée se caractérise par des diamètres de l'ordre de 0,60 à 1,20 m (supérieurs au diamètre du vibreur de profondeur), inférieurs au diamètre des plots ballastés, de diamètre de 1,20 à 2,00 m. Elle peut atteindre des profondeurs de plusieurs dizaines de mètres, à la différence des 4-5 m maximum des plots ballastés. Les vibreurs utilisés pour la colonne ballastée sont des vibreurs de haute fréquence et de faible amplitude, réputés pour être moins agressifs que des engins de compactage de terrassement. La colonne ballastée peut être réalisée en zone urbanisée à la différence du plot ballasté.

Le traitement d'un sol par inclusions souples conjugue plusieurs actions :

- une augmentation de la résistance à la compression et au cisaillement du sol renforcé est obtenue non seulement par les caractéristiques intrinsèques élevées des colonnes ballastées ou plots ballastés, mais également par l'augmentation de la densité de certains sols en place entre les colonnes ou plots.

- l'état de contrainte est modifié par une augmentation importante de la composante horizontale lors du refoulement latéral du gravier ;

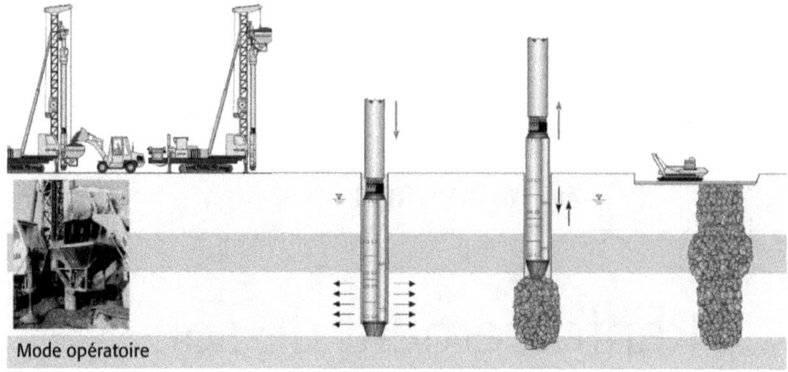

Figure 4.1 Principe de réalisation de la colonne ballastée par voie sèche avec alimentation en pied (bottom feed)
source : Keller

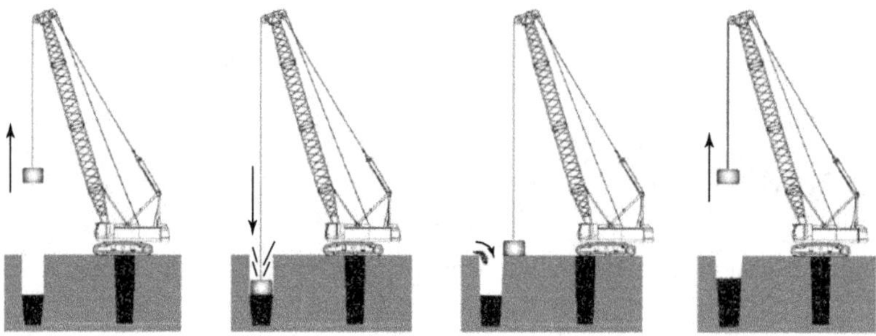

Figure 4.2 Principe de réalisation des plots ballastés

- la mise en place de colonnes de matériau très drainant (fuseau granulométrique courant 8/50 mm), de gros diamètre et disposées en réseau, augmente la vitesse de consolidation et évacue les surpressions interstitielles provoquées par le chargement de l'ouvrage ou durant un séisme.

Par le compactage du sol, le drainage et l'augmentation de la résistance au cisaillement, le renforcement par colonnes ou plots ballastés est reconnu comme un procédé très bien adapté en zone sismique (identifié par le retour d'expérience), d'autant plus que son intégrité et sa portance ne sont pas remises en cause lors de l'action sismique.

4.2 Justifications

4.2.1 Vérifications des modes de rupture

Les colonnes ballastées ou plots ballastés permettent d'augmenter les caractéristiques équivalentes du massif de sol traité : résistance au cisaillement horizontal, angle de frottement interne et paramètres de déformation. Le mode de rupture d'une semelle sur un sol renforcé par plusieurs colonnes ballastées ne diffère pas fondamentalement de celui d'une semelle sur un sol homogène équivalent, dans le sens où les lignes de cisaillement sollicitent également le sol sur une profondeur de l'ordre d'une fois et demie sa largeur (Wehr 2004).

La portance peut être vérifiée à partir des caractéristiques mécaniques de laboratoire (angle de frottement et cohésion) selon la méthode de Priebe (Priebe, 1995) ou selon les *Recommandations sur la conception, le calcul, l'exécution et le contrôle des colonnes ballastées sous bâtiments et sous ouvrages sensibles au tassement* du CFMS (2011). Les vérifications des contraintes respectives sur le sol et les colonnes sont effectuées selon le même principe qu'en zone non sismique, mais en considérant les combinaisons aux états limites ultimes sismiques au niveau des fondations, et les caractéristiques en petites déformations (caractéristiques dynamiques) des sols. On doit vérifier qu'un nombre suffisant de colonnes est présent dans la partie comprimée pour garantir la portance de la semelle.

La valeur de calcul de la force de frottement F_{Rd} pour des fondations au-dessus de la nappe peut être calculée selon :

$$F_{Rd} = N_{ed}.\ \tan \delta / \gamma_M \tag{4.1}$$

Pour le calcul de la force de frottement F_{Rd}, l'angle de frottement entre la semelle et le sol renforcé par colonne ballastée δ est assimilé à l'angle de frottement équivalent φ^* du sol renforcé par colonnes ballastées.

En fonction de la part de la charge totale reprise respectivement par le sol et les colonnes ballastées, on peut déterminer, à partir des angles de frottement interne de la colonne φ'_c et du sol φ_s, la résistance au cisaillement équivalente φ^* pour l'ensemble sol/colonne ballastée, et la cohésion équivalente c^* en fonction du rapport des surfaces et de la cohésion c_s du sol (cf. Priebe, 95) :

$$\tan \varphi^* = m \tan \varphi'_c + (1 - m) \tan \varphi_s \tag{4.2}$$

$$c^* = (1 - A_c/A).c_s \tag{4.3}$$

$$m = (n - 1 + A_c/A)/n \tag{4.4}$$

avec $\qquad n = \dfrac{q}{q_S}$

q : contrainte totale de l'ouvrage ;

q_S : contrainte résiduelle sur le sol entre colonnes ;

A_c : section de la colonne ballastée ;

A : surface de la maille.

Pour des fondations situées en dessous de la nappe phréatique, F_{Rd} doit être évaluée sur la base des caractéristiques non drainées de l'interface.

4.2.2 Réduction du potentiel de liquéfaction

Par ses capacités à intervenir sur plusieurs paramètres en même temps (compactage, drainage, apport d'un matériau non liquéfiable, réduction des sollicitations sismiques, modification de l'état de contrainte dans le sol), la colonne ballastée est particulièrement bien adaptée dans les sols hétérogènes. L'effet stabilisateur de la colonne ballastée repose sur sa résistance élevée au cisaillement et sur son aptitude à dissiper très rapidement dans son environnement immédiat les pressions interstitielles.

Les retours d'expérience ont montré que les colonnes ballastées se sont révélées très efficaces vis-à-vis du phénomène de liquéfaction, en jouant sur les principaux effets qui permettent de réduire la liquéfaction, c'est-à-dire :

- l'augmentation du CRR (*Cyclic Resistant Ratio* ou taux de résistance au cisaillement cyclique du sol) par une augmentation de la compacité du sol ;
- la réduction du CSR (*Cyclic Stress Ratio*, ou taux de contrainte cyclique engendré par le séisme) : réduction des sollicitations sismiques par la concentration des contraintes de cisaillement liées au séisme sur l'élément le plus raide, à savoir la colonne ballastée, réduisant ainsi le CSR au niveau du sol situé en intermaille (Priebe, 1998, Girsang, 2001). Ce phénomène, accentué par l'augmentation de la rigidité du massif de sol renforcé par l'accroissement de la contrainte latérale du sol, est lié à la mise en œuvre par refoulement du gravier de la colonne ballastée (Nguyen *et al.*, 2007) ;
- la réduction rapide des surpressions interstitielles par la forte perméabilité du gravier des colonnes combinée avec une augmentation du gradient hydraulique liée au phénomène de dilatance qui se produit dans les colonnes ballastées lors d'un séisme (Madhav & Arlekar, 2000).

Les principales méthodes de dimensionnement de ces différentes actions sont détaillées ci-après, afin d'obtenir :

- soit un coefficient $r_u = u/\sigma' \leq 0{,}6$ (4.5)
- soit un coefficient de sécurité $F_s = CRR/CSR \geq 1{,}25$ (*cf.* EN 1998-5).   (4.6)

Les méthodes de dimensionnement peuvent donc se baser sur la combinaison de ces trois effets.

4.2.2.1 Augmentation de la compacité des sols (augmentation du CRR)

Avec la colonne ballastée, la compacité du sol est augmentée sous la combinaison de deux effets simultanés, les vibrations et la compression latérale du sol. L'efficacité de ces deux actions est étroitement liée à la nature du sol, au taux de substitution et au maillage.

Des fourchettes de taux d'augmentation de caractéristiques sont données sur la figure 4.3. Pour les sables propres lâches, réputés pour être les sols les plus sensibles au phénomène de liquéfaction, les augmentations de compacité obtenues sous l'effet des vibrations sont les plus significatives. La possibilité d'augmenter la compacité sous l'effet des vibrations peut être vérifiée à partir du diagramme de la figure 4.3.

La figure 4.4 montre la relation entre la densité relative (avec la résistance à la pénétration N_1 correspondante) et le taux de substitution A_{CB}/A_{Total} (maille correspondante) selon Barsdale & Bachus 1983.

Pour obtenir des densités relatives élevées permettant d'éviter la liquéfaction du sol, les mailles doivent être plus serrées pour les sables limoneux que pour les sables propres.

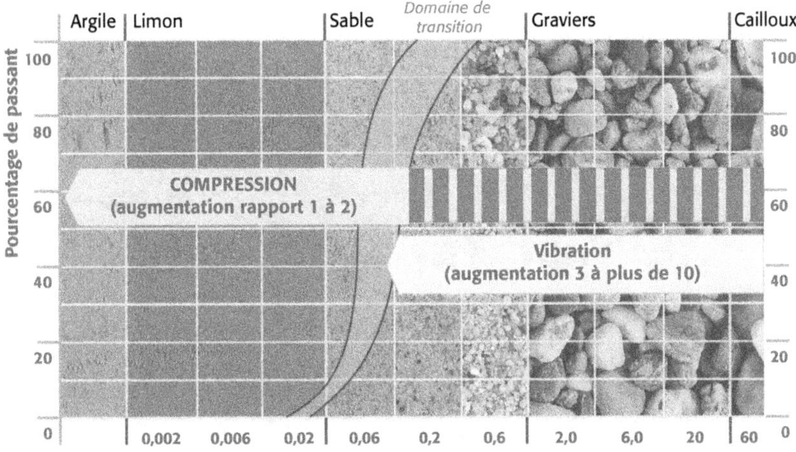

Figure 4.3 Augmentation des caractéristiques de sol selon la nature des sols et l'action exercée sur le sol par le procédé de renforcement

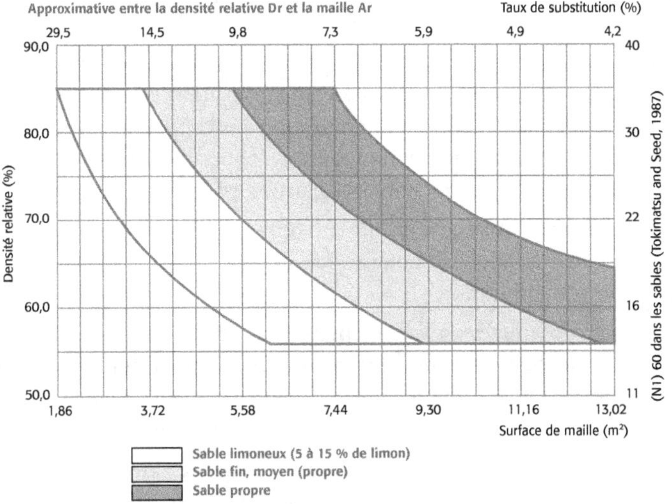

Figure 4.4 Relation approximative entre la densité relative D_r et la maille A_r

Sur la figure 4.5, est représenté le chemin qui permet de sortir du domaine de liquéfaction par augmentation de la compacité et donc du CRR.

4.2.2.2 Réduction des sollicitations sismiques

Le deuxième effet concerne la diminution de la contrainte de cisaillement dans le sol (diminution du CSR), sous l'effet d'un report de contraintes sur la colonne plus raide. Le massif de sol renforcé présente ainsi une déformation de cisaillement plus faible qui entraîne une réduction du potentiel de liquéfaction.

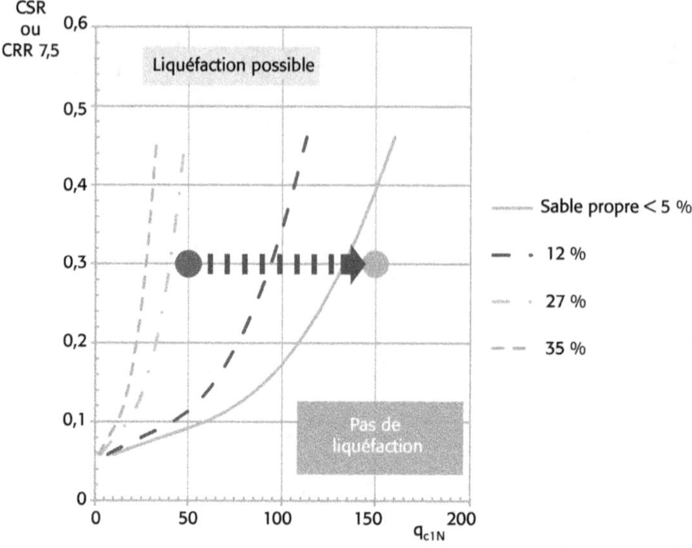

Figure 4.5 Augmentation du CRR par augmentation de la compacité (*cf.* abaque guide AFPS 2012)

De nombreuses études ont été effectuées sur le sujet mais souvent en négligeant un des éléments primordiaux de la modélisation des colonnes ballastées, à savoir la mise en œuvre par refoulement. Nguyen *et al.* (2007) montrent que sans la prise en compte de cette expansion de diamètre qui permet de modifier le rapport des contraintes $k = \sigma'_h/\sigma'_v$, l'augmentation de la rigidité du massif renforcé par colonnes ballastées est fortement sous-estimée.

Même si les phénomènes complexes se produisant durant un séisme ont été largement étudiés, les critères pour la détermination du potentiel de liquéfaction restent encore souvent déterminés par des méthodes empiriques.

Priebe (1998) propose, pour estimer l'augmentation du coefficient de sécurité, d'appliquer le même coefficient d'amélioration α que celui qui est calculé pour des sollicitations verticales. Ce coefficient α (figure 4.6) issu des formules de Vesic est essentiellement fonction du taux de substitution du gravier et ne varie que très peu par rapport au module de la colonne.

Le nouveau coefficient de sécurité du sol renforcé peut s'écrire alors :

$$F_s^* = F_s/\alpha \tag{4.7}$$

Des modélisations numériques établies par Girsang (2001), intégrant la mise en œuvre par refoulement de la colonne ballastée, ont permis de mettre en évidence l'importance de la modification du rapport k des contraintes horizontales sur les contraintes verticales, au sein du massif de sol (voir tableau 4.1), dans la réduction du risque potentiel de la liquéfaction. Différentes configurations de sols ont été étudiées sous des chargements sismiques (enregistrements réels du séisme Loma Prieta et Saguenay). Les résultats montrent une réduction importante des surpressions interstitielles entre le sol avant et après renforcement (figure 4.7) sans que le caractère drainant de la colonne ballastée ne soit pris en compte dans les modèles.

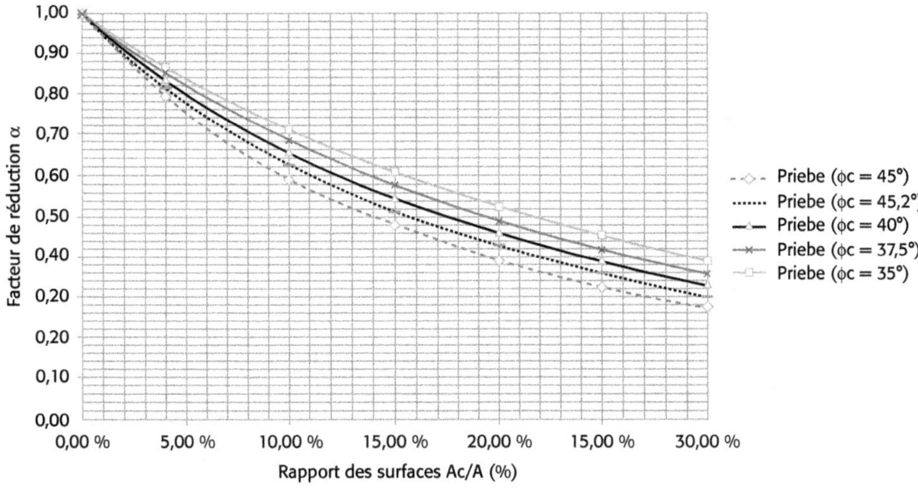

Figure 4.6 Coefficient d'amélioration de Priebe α en fonction du taux de substitution A_c/A

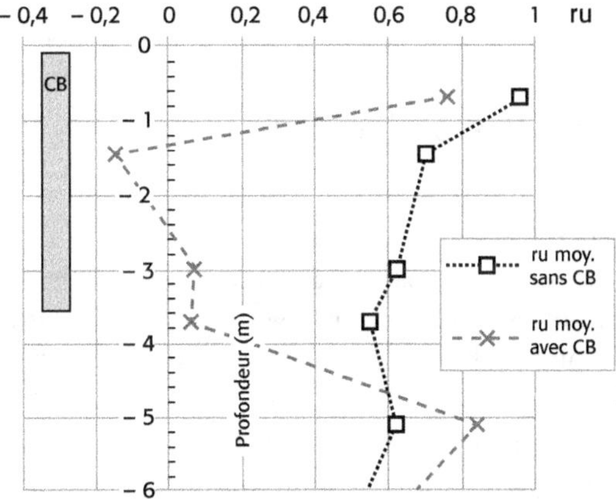

Figure 4.7 Réduction des surpressions interstitielles par Guirsang (2001) pour un sable limoneux
($G = 5{,}5$ MPa, $a = 0{,}45$ à $0{,}64$ g, $G_{cb}/G_{sol} = 9$)

Tableau 4.1 Augmentation des contraintes horizontales liée à la mise en place de la colonne (Guirsang 2001)

Tremblement de terre	Rapport $k = \sigma'_h/\sigma'_v$
Loma Prieta	2 à 9

À partir des résultats de ces modèles, Girsang conclut que l'augmentation de la contrainte horizontale obtenue par la mise en œuvre de la colonne par refoulement permet d'obtenir des déformations essentiellement en cisaillement et de revenir à la formulation de Baez et Martin (1993) :

$$F_{s\,final} = F_{s\,initial}/k_g \qquad (4.8)$$

Avec : $\quad k_g = \dfrac{1}{G_r\left[A_r + \dfrac{1}{G_r}(1-A_r)\right]}$

Les méthodes numériques peuvent donc être une approche intéressante pour tenir compte du paramètre k pour la colonne ballastée aussi bien vis-à-vis d'un chargement vertical statique (Nguyen *et al.*, 2007) que d'un chargement horizontal statique ou cyclique (Rayamajhi et al. 2012).

À partir de la méthode simplifiée des recommandations de l'AFPS (2012), il est possible d'intégrer cette modification du rapport k dans l'estimation du module de cisaillement équivalent G_L du massif de sol renforcé selon le modèle de la maille élémentaire. L'augmentation du coefficient de sécurité est ensuite estimée par les formules suivantes :

$$F_{s\,final} = F_{s\,initial}/k_g \qquad (4.9)$$

avec $\quad k_g = \dfrac{\gamma_{hom}}{\gamma_s} = \sqrt{\dfrac{G_s}{G_L}}$

4.2.2.3 Réduction des surpressions interstitielles

Le troisième paramètre à intégrer concerne la capacité des colonnes ballastées à dissiper les surpressions interstitielles.

À la différence d'un drain, la colonne ballastée est constituée d'un matériau de gravier compacté très perméable. Son fort pouvoir d'évacuation de surpressions interstitielles résulte de sa forte perméabilité, mais également de l'apparition lors du séisme d'un fort gradient hydraulique, liée au phénomène de dilatance du gravier des colonnes (Madhav et Arlekar, 2000).

Seed et Booker (1977) ont proposé une méthode basée sur la dissipation des surpressions interstitielles afin de réduire le risque potentiel de liquéfaction.

L'objectif est de rechercher un rapport : $r_u = u/\sigma'_v \geq 0,6$, afin d'assurer un coefficient de sécurité supérieur à 1,25.

Des diagrammes (voir figure 4.9) permettent de déterminer l'espacement b des colonnes ballastées de rayon a, à partir du rapport N_{eq}/N_l et d'un paramètre sans dimension T_{ad} tel que :

$$T_{ad} = \dfrac{k_s \times t_d}{m_v \times a^2 \times \gamma_w} \qquad (4.10)$$

avec :

- t_d est la durée du séisme et N_{eq} le nombre de cycles équivalents défini dans le tableau 4.2.

Tableau 4.2 Valeur de la durée t_d et du nombre de cycles équivalents N_{eq} en fonction de la zone de sismicité (recommandations de l'AFPS)

Zone de sismicité	Magnitude conventionnelle	Nombre de cycles équivalents caractérisant le séisme N_{eq}	Durée du séisme t_d (s)
3 (modérée)	5,5	4	8
4 (moyenne)	6,0	8	14
5 (forte)	7,5	20	40

- m_v la compressibilité du sol ($1/E_{oed}$) ; $m_v = 1/[\alpha_M (q_t - \sigma_{v0})]$ avec :
  - pour $I_c > 2,2$ (I_c *Soil Behaviour Type Index*)

$$Q_t = (q_t - \sigma_{vo}) / \sigma'_{vo} \qquad (4.11)$$

$$\alpha_M = Q_t \text{ pour } Q_t < 14, \text{ et } \alpha_M = 14 \text{ pour } Q_t > 14 \qquad (4.12)$$

  - pour $I_c < 2,2$

$$\alpha M = 0,0188 \cdot 10^{(0,55 \cdot I_c + 1,68)} \qquad (4.13)$$

- K_s = perméabilité horizontale du sol ;
- N_l = nombre de cycles conduisant le sol à la liquéfaction (voir figure 4.8) ;
- a = rayon du drain en gravier et b = le rayon d'influence du drain.

Les abaques présentées dans la figure 4.9 ont été proposés par Booker *et al.* (1976) pour déterminer l'espacement adéquat en fonction de la perméabilité du sol, de l'intensité du séisme et du diamètre des drains.

Cette méthode ne tient pas compte du caractère dilatant du gravier qui permet de réduire encore davantage les surpressions interstitielles (de 11 à 17 %, d'après Madhav *et al.* 2000).

4.2.3 Dispositions constructives

Pour les sites ne présentant pas de risque de liquéfaction, les dispositions constructives sont celles habituellement employées en zone non sismique : les semelles et radiers sont en général coulés en pleine fouille ou coffrés directement sur les colonnes, et le traitement se limite à l'emprise de l'ouvrage.

En présence de sol liquéfiable, un maillage régulier doit être envisagé sous toute l'emprise de l'ouvrage plus un débord. Ce débord de traitement sans justification particulière est d'une maille au minimum, avec un nombre de mailles couvrant une largeur de débord égale à la moitié de la profondeur de la base de la couche sensible au séisme (figure 4.10).

Dans certains cas, la limite de propriété ou la présence d'existants ne permet pas, ou seulement partiellement, la réalisation d'un débord. Une étude détaillée devra alors vérifier la stabilité et estimer les déformations liées à cette liquéfaction pour définir ensuite les dispositions constructives à envisager.

L'épaisseur courante du matelas drainant est de 20 à 30 cm. Il est possible d'augmenter la transmissivité en incorporant des drains horizontaux dans le tapis.

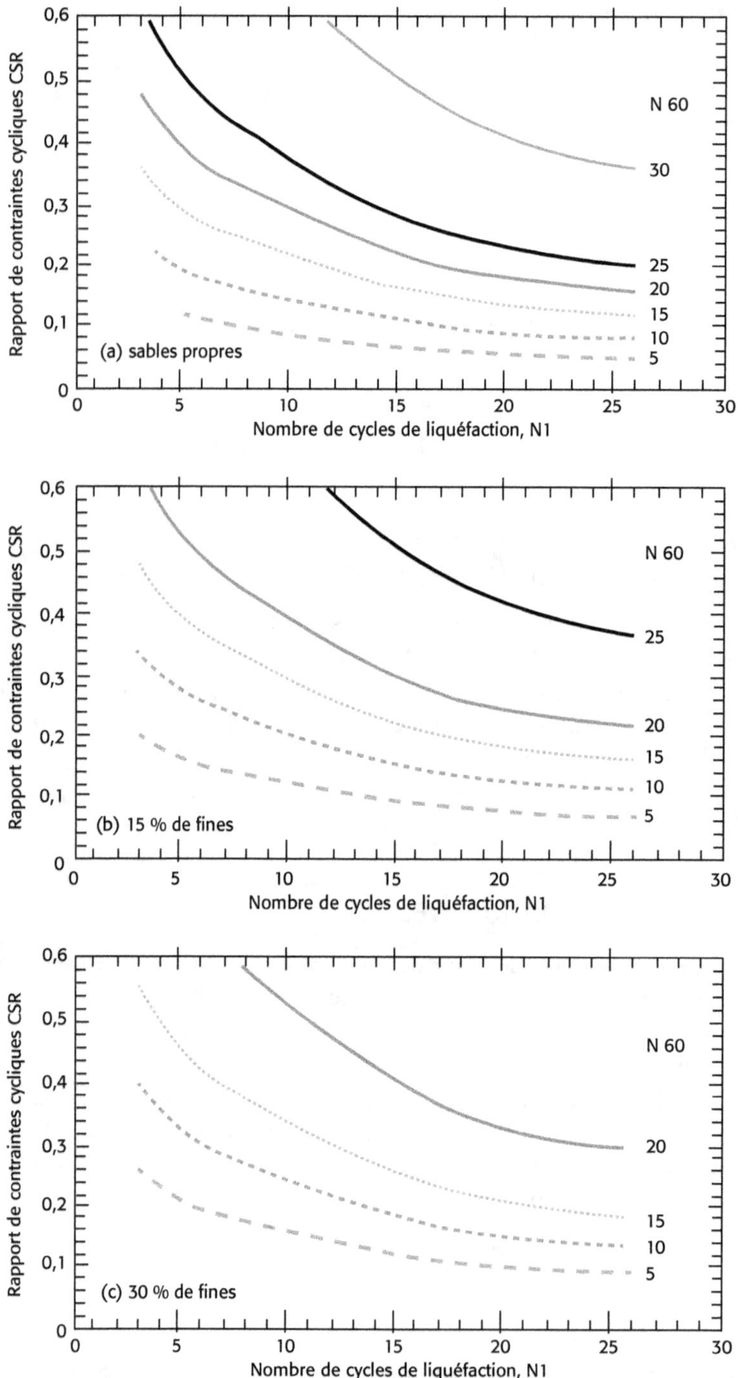

Figure 4.8 N_l en fonction du CSR, du N_{60} et de la nature du sol (échelle de magnitude Youd et Idriss, 1996)

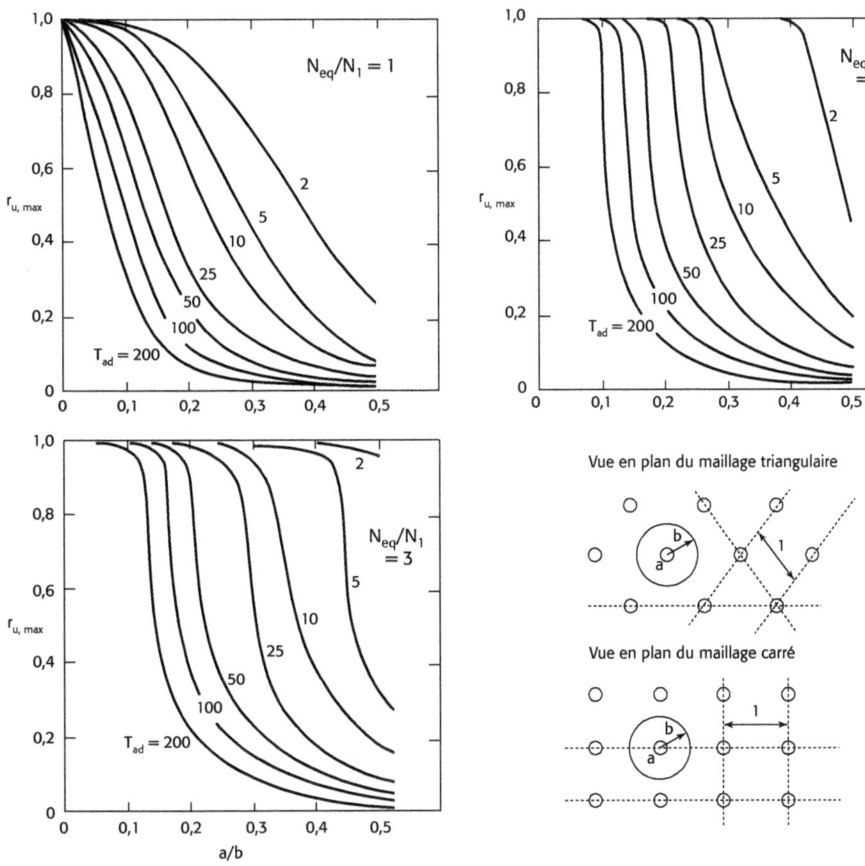

Figure 4.9 Détermination du rapport a/b (a rayon du drain et b le demi-espacement) Booker *et al.*, 1976

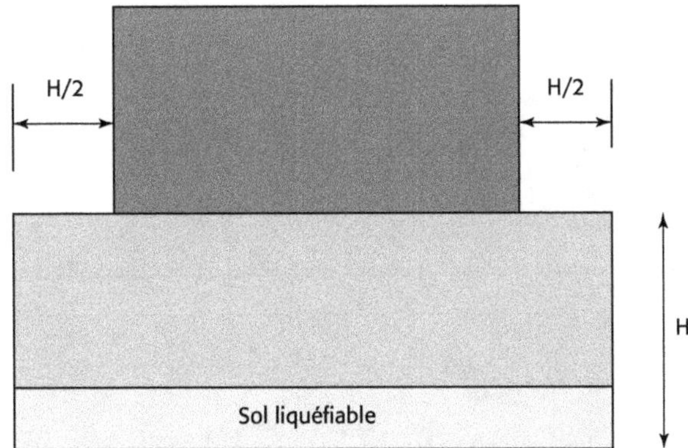

Figure 4.10 débord d'amélioration de sol préconisé par l'AFPS (2012)

CHAPITRE 5

Renforcement de sol par inclusions rigides

5.1 Généralités

Lorsque le matériau constitutif des inclusions possède une cohésion suffisamment élevée pour générer du cisaillement avec le sol, l'inclusion est considérée comme rigide (inclusion en béton, mortier, coulis de ciment, mélange sol/coulis). Cette technique consiste à associer un maillage d'inclusions rigides verticales descendues à un horizon porteur et un matelas intercalaire formant une couche de répartition des contraintes verticales et horizontales. L'ensemble a pour vocation essentielle d'assurer le transfert des charges verticales appliquées en surface jusqu'à l'horizon porteur, permettant de réduire ainsi les contraintes sur le sol compressible et de ce fait, les tassements de l'ouvrage.

Les types d'inclusions rigides utilisés en zone sismique sur les quelques chantiers répertoriés à l'étranger ont été essentiellement :

- des colonnes en jet grouting ou du *deep soil mixing* d'un diamètre supérieur à 800 mm disposées en réseau ou en caissonnage ou dans la masse ;
- des pieux métalliques ou en béton armé équipés de cage d'armature, mais toujours associés à un matelas intercalaire granulaire.

Le *jet grouting* est un procédé de traitement qui consiste à déstructurer le sol en place à l'aide d'un jet à haute énergie cinétique et à le mélanger à un coulis de ciment. Les colonnes ainsi constituées se composent d'un mélange du sol en place et de coulis, et peuvent atteindre un diamètre variable de 0,60 à 4 m selon le type de sol et le procédé utilisé (mono jet, double jet ou Super jet®).

Le *deep soil mixing* consiste également à mélanger le sol avec un liant hydraulique: chaux, ciment, ou mélange chaux-ciment pour en améliorer les caractéristiques mécaniques, mais de manière mécanique.

Ce mélange est réalisé par voie sèche (introduction par voie pulvérulente sans eau, hydratation avec l'eau du terrain) ou par voie humide (coulis). Un grand nombre d'équipements ont été développés pour réaliser mécaniquement le mélange du sol avec un liant (tarières, trancheuses *jet grouting* ou *deep soil mixing*, fraises, pales...).

Pour ces deux procédés, le taux de substitution est très élevé, de l'ordre de 15 à 25 %, de manière à ce que malgré une fissuration et une diminution de leurs caractéristiques mécaniques intrinsèques, il subsiste toujours une résistance résiduelle des inclusions qui permette d'assurer la stabilité de l'ouvrage. Un radier est habituellement associé à ce type de procédé.

En France, les inclusions rigides sont en général non armées et caractérisées par de petits diamètres de 250 à 400 mm (voir figure 5.1). De ce fait, elles ne sont pas aptes à reprendre des efforts horizontaux ni des moments de flexion significatifs. Le matelas granulaire intercalaire joue un rôle déterminant pour atténuer les sollicitations inertielles venant de l'ouvrage. Elles sont très peu répandues en zone sismique et il n'y a aucun retour d'expérience à l'heure actuelle. Les quelques sites recensés à ce jour ont concerné des radiers, avec un matelas intercalaire et sans risque potentiel de liquéfaction.

Figure 5.1 Réalisation d'une inclusion rigide avec une tarière à refoulement (source : Keller)

5.2 Fonctionnement des inclusions rigides

En zone sismique, les recommandations de l'AFPS précisent que le matelas intermédiaire doit être obligatoirement granulaire sans cohésion, afin de permettre une dissipation d'énergie aussi bien cinématique qu'inertielle.

Les sollicitations sismiques comportent toujours une composante horizontale. Les inclusions rigides vont donc devoir supporter des sollicitations de flexion et de cisaillement dues à la déformation du terrain encaissant, lors du passage des ondes sismiques (effet cinématique), et dues également aux efforts inertiels transmis par la structure à ses fondations.

Les recommandations de l'AFPS sur la base de l'EC8 proposent une synthèse des cas à prendre en considération pour l'étude des effets inertiels (I) et cinématiques (C) pour le cas des inclusions rigides (voir tableau 5.1). D'après ce document, il est possible de négliger l'effet cinématique pour les ouvrages de catégorie II quelle que soit la zone sismique et pour les classes de sol A, B et C quelles que soient les catégories de l'ouvrage.

Tableau 5.1 Synthèse des cas en fonction des zones de sismicité et des catégories d'ouvrages pour les inclusions rigides

Zone sismique 2						Zones sismiques 3 à 5				
	Catégories d'ouvrages						Catégories d'ouvrages			
Sol	I	II	III	IV		Sol	I	II	III	IV
A			I	I		A		I	I	I
B			I	I		B		I	I	I
C			I	I		C		I	I	I
D			C + I	C + I		D		I	C + I	C + I
E			C + I	C + I		E		I	C + I	C + I
S1			C + I	C + I		S1		I	C + I	C + I
S2			C + I	C + I		S2		I	C + I	C + I

L'absence d'armatures dans les inclusions rigides peut se traduire par une fissuration potentielle du matériau constitutif des inclusions et éventuellement par une perte de continuité de section de certaines ou de la totalité des inclusions. Ce risque n'est acceptable que si le sol renforcé par inclusions rigides garantit les objectifs de performances exigées par l'EC8 vis-à-vis de deux états limites relatifs au non effondrement et à la limitation des dommages.

Le guide AFPS distingue deux domaines :

- **domaine n° 1** : les inclusions sont nécessaires à la stabilité (et à la portance) de l'ouvrage (vérifications des états limites ultimes GEO) ; il faut garantir pendant le séisme la résistance des inclusions telle qu'elle est prise en compte dans les calculs, et donc justifier que ces inclusions restent dans le domaine élastique (justifications comparables aux règles en application pour les pieux), Si un gain de portance est recherché sous les sollicitations sismiques, il faut s'assurer que les inclusions restent dans le domaine élastique, c'est-à-dire que toutes les sections des inclusions non armées restent entièrement comprimées. Le matelas intercalaire joue un rôle capital dans la stabilité des fondations, en réduisant les efforts tranchants en tête d'inclusion en limitant dans certains cas l'amplification du signal, ou même en participant à la portance de la fondation si son épaisseur est suffisante par rapport à la largeur de la fondation ;

- **domaine n° 2** : les inclusions rigides ont pour fonction la réduction des tassements et ne sont pas nécessaires à la justification de la stabilité de l'ouvrage (avant, pendant et après le séisme) : on est capable de justifier la stabilité de l'ouvrage sous actions sismiques en négligeant les inclusions et quand la sécurité des personnes n'est pas mise en cause en cas de dommages à l'ouvrage. Il peut arriver que le maître d'ouvrage impose que l'ouvrage fonctionne après le séisme, c'est-à-dire sans qu'apparaissent des désordres et des limitations d'exploitation pendant et après le séisme **[EN 1998-1 § 2.1 (1) P]**; Les critères correspondants sont dans ce cas explicités dans le cahier des charges de l'ouvrage, et les inclusions entrent dans le domaine n° 1.

Vis-à-vis de la limitation des dommages, l'EC8 prescrit que la structure doit être conçue et construite pour résister à une action sismique ayant une probabilité de se produire plus grande que l'action sismique de calcul, sans qu'il se produise des dommages provoquant des limitations d'usage, dont le coût serait disproportionné par rapport au coût de la structure elle-même. Le dimensionnement d'un renforcement de sol par inclusions rigides dans le domaine 2 peut amener à estimer les tassements absolus et différentiels en considérant une rupture partielle ou totale des inclusions rigides sous l'ouvrage.

5.3 Principe de dimensionnement des inclusions rigides

Pour les fondations sur sol renforcé par inclusions rigides associées à un matelas, les vérifications en zone sismique d'une fondation superficielle sont à mener également vis-à-vis de la portance et du non glissement (vérification GEO). À cela se rajoute une étude assez complexe de l'interaction sol-inclusion-matelas-fondation-superstructure sous un chargement cyclique pour vérifier que les contraintes induites dans les inclusions rigides et dans le matelas sont acceptables.

Étant donné l'incertitude de l'action sismique, il est fortement recommandé de privilégier des dispositions permettant aux inclusions rigides de s'affranchir de l'augmentation de portance aux ELS et aux ELU, et d'avoir pour seule fonction de réduire les tassements (domaine 2).

Pour ce faire, il est possible de jouer sur deux paramètres :

- la largeur des fondations pour réduire la contrainte appliquée sur le sol ;
- l'épaisseur du matelas. Ce dernier va en effet permettre, s'il est suffisamment épais par rapport à la largeur de la fondation, d'augmenter la portance de celle-ci jusqu'à ce que les inclusions n'aient plus à participer à la portance. Un matelas épais a un autre avantage, il peut également modifier la réponse de l'ouvrage (Mayoral *et al.* 2006 et Hatem 2008) et réduire dans certains cas l'amplification de la sollicitation sismique liée à la présence des inclusions rigides.

Dans le cas où les inclusions rigides apportent un gain de portance (domaine 1), les vérifications de type GEO et STR sont obligatoires (voir tableau 5.2).

Tableau 5.2 Vérifications à effectuer vis-à-vis des sollicitations sismiques

Situation initiale avant renforcement de sol	Situation recherchée	Sous sollicitations sismiques	
		Vérification GEO	**Vérification STR**
Domaine 1 - portance insuffisante à l'ELS et l'ELU - tassements non acceptables	Portance + limitation des dommages	x	x
Domaine 2 - réduction des tassements (portance assurée par le sol seul)	Limitation des dommages (le sol seul sans IR ne permet pas de limiter les dommages)	Portance du sol suffisante sans IR	x
	Limitation des dommages	Portance du sol suffisante sans IR	Limitation des dommages assurée par le sol sans IR
	Sans désordres entraînant des limitations d'exploitation pendant et après le séisme **[EN 1998-1 § 2.1 (1) P]**	x	x

IR = Inclusions rigides

5.3.1 Vérifications de type GEO

Quand les inclusions sont nécessaires à la justification de stabilité, les dispositions des normes d'application nationale « Fondations profondes » et « Fondations superficielles » s'appliquent pour les vérifications aux ELU :

- La contrainte appliquée sur le sol à la base du matelas (au niveau des têtes des inclusions) ne doit pas dépasser la valeur limite ELU (chapitre 13, norme NF P 94261, Fondations superficielles) ;

  Cette contrainte appliquée sur le sol aux ELU est obtenue par le torseur N_{ed}, V_{ed} et M_{ed} à qui on a retiré un torseur global de réaction des inclusions (Q_R, T_R, M_R). Les recommandations de l'AFPS proposent de pondérer par des coefficients de sécurité partiels γ_N et γ_t ($\gamma_N = \gamma_t = 1,1$) le torseur de réaction, soit (Q_R/γ_N, T_R/γ_t, M_R/γ_N).

  La détermination du torseur global de réaction des inclusions est effectuée à partir d'un calcul en contrainte/déformation, tenant compte des combinaisons aux états limites ultimes sismiques au niveau des fondations, et des caractéristiques dynamiques (en petites déformations) des sols :

$$\begin{aligned}
N'_{ed} &= N_{ed} - \Sigma\, Q_{Ri}/\gamma_N,\ V'_{ed} \\
&= V_{ed} - \Sigma\, T_{Ri}/\gamma_t \times M'_{ed} \\
&= M_{ed} - \Sigma\, (Q_{Ri}/\gamma_N \times d_i)
\end{aligned} \tag{5.1}$$

où d_i est le bras de levier de chaque inclusion dans la zone comprimée par rapport au centre de la semelle.

  Ce calcul doit permettre d'estimer la répartition des efforts entre le sol et chacune des inclusions mobilisées, afin de vérifier que la contrainte dans le matelas au-dessus de la tête des inclusions est acceptable (méthode donnée au § 4.2 chapitre 5 des recommandations ASIRI). On devra notamment vérifier que, sous ELU_{sism}, un nombre suffisant d'inclusions est présent dans la partie comprimée pour garantir la portance de la semelle.

- La charge maximale dans l'inclusion ne doit pas dépasser la valeur de calcul de la charge critique de compression $R_{c,cr;d}$ sous le plan neutre (article 14.2.1 norme NF P 94 262, Fondations profondes) :

$$R_{c,cr\,;\,d} = R_b/\gamma_{R,\,d} \cdot \gamma_b + R_s/\gamma_{R,d} \cdot \gamma_s \tag{5.2}$$

avec pour le modèle du terrain :

- R_b : résistance ultime du sol en pointe de l'inclusion ;
- R_s : résultante ultime du frottement latéral sous le point neutre ;
- $\gamma_b = \gamma_s = 1,1$ à l'ELU (ensemble R2 selon NF P 94-262, Annexe C) ;
- $\gamma_{R,d} = 1,25$ (coefficient de modèle).

5.3.2 Vérifications de type STR

5.3.2.1 Principe de la justification

L'objectif du calcul est de vérifier que les contraintes induites dans les inclusions rigides lors des sollicitations sismiques sont acceptables, en considérant les distributions de l'effort normal N, de l'effort tranchant T et du moment fléchissant Mt sous l'effet inertiel, ou la combinaison inertiel + cinématique selon les cas (cf. tableau 5.2).

On s'assure au préalable que la portance est vérifiée sans inclusions pour définir le domaine d'application dans lequel on se trouve n° 1 ou n° 2 (voir § 5.2).

Les justifications sont comparables à celles des pieux, mais à la différence près que l'inclusion subit une flexion non seulement liée à un effort en tête, mais également au champ de déplacement latéral g(z) créé dans le sol sous la semelle (voir figure 5.3). Les sollicitations dans les inclusions peuvent être calculées par la méthode des coefficients de réaction. Ces derniers sont estimés comme pour un pieu isolé (voir Annexe I norme NF P 94-262, « Fondations profondes »).

On pourra modéliser la réaction frontale sur l'inclusion rigide par le déplacement relatif δ de l'élément de fondation, par la loi suivante :

$$r = K_f \cdot \delta$$

Le module linéique de mobilisation de la pression frontale pour un élément de fondation profonde K_f est calculé à partir de l'une des trois formules suivantes à court terme (CT) :

- Méthode pressiométrique :

$$K_f = \frac{12\,E_M}{\dfrac{4}{3}\dfrac{B_0}{B}\left[2,65\dfrac{B}{B_0}\right]^\alpha + \alpha} \quad \text{lorsque } B_0 \geq B$$

$$K_f = \frac{12\,E_M}{\dfrac{4}{3}[2,65]^\alpha + \alpha} \quad \text{lorsque } B_0 \leq B$$

E_M : module pressiométrique ;

B : longueur de l'élément perpendiculaire au sens du déplacement ;

α : coefficient rhéologique du sol ;

r_s : palier égal à $B \cdot P_1^*$ avec P_1^* la pression limite nette $r_s = B \cdot q_c/\beta_2$.

- Méthode au pénétromètre statique :

$$K_f = \beta \cdot q_c$$

q_c : résistance en pointe

r_s : palier égal à $B \cdot q_c / \beta_2$.

Les coefficients β et β_2 figurent dans le tableau de la figure 5.2.

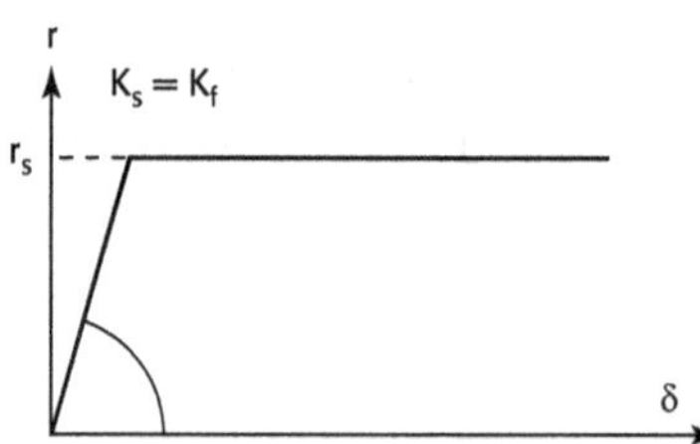

Type de sol	Argile et limon $I_c > 2,6$	Sol intermédiaire $2,05 \leq I_c \leq 2,6$	Sables $L_c < 2,05$	Craie et marne
β	12	7,5	4,5	4,5
β_2	3,5	6	8	8

Figure 5.2 Coefficients β pour le calcul de K_f à partir de q_c

Les valeurs des modules K décrivant la mobilisation des efforts résistants en fonction du déplacement peuvent être plus élevées en zones sismiques que celles définies pour les courtes durées de sollicitations. Cette augmentation est liée à la variation du module de cisaillement en fonction de la distorsion.

Des indications sur les rapports K/K_f sont données dans le tableau 5.3 en ne considérant que l'effet cinématique seul. Par contre, si l'on veut être rigoureux ce rapport est à minorer pour tenir compte des déformations inertielles. On attire l'attention sur la zone de sismicité 5 où une étude appropriée doit être prévue pour définir précisément ce rapport.

Tableau 5.3 Vérifications à effectuer vis-à-vis des sollicitations sismiques

	Zone de sismicité 2 (faible)	Zone de sismicité 3 (modérée)	Zone de sismicité 4 (moyenne)	Zone de sismicité 5 (forte)
K/K_f	3	2	1,5	1

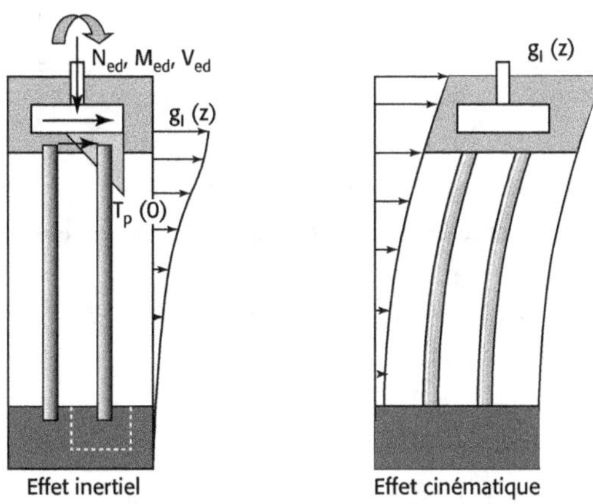

Figure 5.3 Flexion des inclusions sous une fondation

Le module du béton, mortier ou coulis de l'inclusion à prendre en compte dans les calculs en zone sismique est obtenu par :

$$E_{cm} = 22\,000 \times ((f_{ck}+8)/10)^{0,3}$$

avec : E_{cm} est en Mpa,

f_{ck} en Mpa.

Dans les sols liquéfiables, la raideur du sol devient nulle.

5.3.2.2   Effet inertiel

Pour déterminer les profils de moment et d'effort tranchant dans les inclusions, deux sollicitations sont à appliquer sur l'inclusion : un effort tranchant en tête résiduel provenant de l'effort horizontal appliqué par la semelle et un profil de déformation horizontal $g_I(z)$ lié au déplacement latéral de la semelle (voir figure 5.3).

Pour la détermination de l'effort tranchant $T_p(0)$ en tête des inclusions rigides, les recommandations ASIRI donnent une méthode qui consiste à appliquer un effort tranchant en tête d'inclusion qui « ramène » le déplacement de la tête de l'inclusion à une valeur égale à celui du sol environnant, mais borné par la valeur suivante :

$$T_p(0) \leq \min\left(\frac{Q_p(0)}{N_{ed}} V_{ed}, Q_p(0) \tan\delta'\right) \tag{5.5}$$

où δ' est l'angle de frottement critique matelas-inclusion,

$Q_p(0)$ l'effort normal transmis en tête d'inclusion,

N_{ed} l'effort vertical appliqué à la semelle,

V_{ed} l'effort horizontal appliqué à la semelle,

Le principe de cette méthode se base sur le fait que l'effort transmis en tête de l'inclusion ne peut jamais induire un déplacement de la tête d'inclusion supérieur à celui du sol environnant.

Pour déterminer le champ de déplacement horizontal du sol g(z) sous l'effet inertiel, les recommandations ASIRI proposent de calculer, à partir d'un angle de diffusion β, la répartition des contraintes de cisaillement $\tau(z)$ sur la hauteur des terrains jusqu'au substratum mécanique (dans lequel on considère que les déformations de cisaillement sont négligeables). En partant du substratum mécanique, on intègre la distorsion pour obtenir le profil de déformation :

$$g(z) = \Sigma\tau(z)/G(z) \, dz \tag{5.6}$$

avec $G(z)$: module de cisaillement du sol à la profondeur z.

On cale le paramètre β pour obtenir une déformation à la base de la semelle égale à la valeur du déplacement de la semelle.

Pour la détermination des deux sollicitations, il y a lieu de déterminer le déplacement de la semelle. Celui-ci est obtenu à partir de l'effort horizontal V_{ed} et par la raideur horizontale du sol (voir annexe D) :

$$g(0) = (V_{ed}/S_{semelle})/K_x \tag{5.7}$$

Enfin, pour la détermination de la distribution de l'effort normal N(z) dans l'inclusion, elle pourra s'effectuer en considérant la déformation verticale du sol sous la fondation autour de l'inclusion à l'aide des fonctions de transfert caractérisant la mobilisation du frottement. Pour les semelles, une maille élémentaire (inclusion et sol) ne permet pas d'obtenir une estimation correcte des efforts verticaux dans l'inclusion en fonction de la profondeur.

Le guide de l'AFPS « Procédés d'amélioration et de renforcement de sols sous actions sismiques » recommande de considérer $T_p(0) = \dfrac{Q_p(0)}{N_{ed}} \cdot V_{ed}$ pour des diamètres d'inclusion rigides inférieurs à 400 mm.

5.3.2.3   Effet cinématique

Pour déterminer le champ de déplacement horizontal du sol $g_c(z)$ sous l'effet cinématique, l'annexe H des recommandations AFPS donne une formulation de g(z) pour une monocouche et une bicouche.

Les formulations d'homogénéisation des couches de sol pour revenir à un modèle simple monocouche ou bicouche sont à utiliser avec précaution. Ces méthodes sont limitées pour des profils de sols où le contraste des propriétés au sein des différentes couches n'excède pas un rapport des V_s de 2 (ou 4 pour les G). En cas de multicouches, il convient d'utiliser des modèles plus complexes (méthode numérique), en calant le modèle de manière à obtenir le d_{max} en surface du sol. Le déplacement maximal du sol d_{max} est calculé selon l'Eurocode 8-1 (§ 3.2.2) par la formule suivante :

$$d_{max} = 0,025 \; _{ag} \cdot S \cdot T_c \cdot T_d \tag{5.8}$$

Le cumul des effets inertiels et cinématiques s'effectue en prenant en compte l'application simultanée d'un effort en tête $T_p(0)$, du mouvement du sol sous l'effet cinématique et du mouvement du sol induit par l'effet cinématique. Il faut envisager les deux cas suivants : l'effort inertiel s'oppose au déplacement en champ libre, et le cas contraire.

5.3.2.4   Cumul des effets inertiel et cinématique

En juxtaposant les différentes distributions obtenues (effort vertical, effort tranchant, moment) en fonction de la profondeur, il s'agit de vérifier que la surface de l'inclusion reste entièrement comprimée sur toute sa hauteur (Mt/N ≤ Ø / 8, avec Ø le diamètre de l'inclusion) et que la contrainte de cisaillement du matériau constitutif de l'inclusion rigide n'excède pas les valeurs limites fixées par l'Eurocode 2.

	Compression	**Effort tranchant**	**Flexion composée**
DOMAINE 1	Min (7 MPa ; f_{cd} ; 0,9 f_c /1,30)	Conforme à la section 12.6.3 de la norme NF EN 1992-1-1 (*)(**)	- IR dans le domaine élastique - Contrainte de traction nulle pour le béton non armé
DOMAINE 2	Min (7 MPa ; f_{cd} ; 0,9 f_c /1,30)	Pas de vérification à effectuer normalement***	Pas de vérification à effectuer normalement***

* Conformément au § 12.3.1(8) de la norme NF P 94-262, dans le domaine 1, aucun cisaillement n'est admissible si le diamètre de l'inclusion est inférieur à 400 mm.

** Sous réserve de majorer l'effort tranchant en tête de l'inclusion par rapport à la méthode ASIRI (cf. § 6.1.3.2.2.), on peut ramener cette limite à 300 mm.

*** Si les désordres restent limités pour l'ouvrage.

5.4   Inclusions rigides en zone liquéfiable

Il existe très peu d'étude sur le sujet. Rayamajhi *et al.* (2012) ont mené une étude aux éléments finis en élastique linéaire destinée à déterminer l'efficacité des inclusions vis-à-vis de la réduction des contraintes de cisaillement sismiques dans un profil de sols liquéfiables. Les résultats de la modélisation d'une cellule élémentaire comportant une inclusion et le sol environnant au sein d'une maille montrent que la colonne se déforme en cisaillement et en flexion (figure 5.4) avec une prédominance de la flexion sur les deux premiers mètres, puis ensuite de cisaillement. La réduction des sollicitations de cisaillement dans le sol environnant de l'inclusion est croissante avec la profondeur, mais négligeable sur les deux premiers mètres en raison de la flexion.

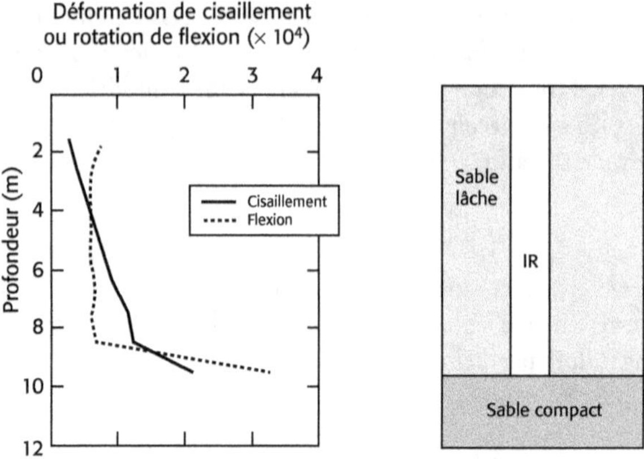

Figure 5.4 Déformation de cisaillement et de flexion d'une analyse pseudo-statique Ar = 20 % et Gr = 10 (Rayamajhi et al. 2012)

Rayamajhi montre également que, du fait de la non-homogénéité de la distorsion dans la maille élémentaire, une diminution de la distorsion moyenne du volume renforcé n'entraîne pas nécessairement une réduction de la distorsion équivalente en tout point du sol. Sur les figures 5.5 et 5.6, les profils de γ_r (rapport de la déformation de cisaillement de la colonne sur celle du sol), pour cinq positions différentes en plan, sont représentés en fonction de la profondeur. On peut constater que la déformation de cisaillement est maximale dans la zone 1 à proximité immédiate de l'inclusion dans le sens des déplacements (voir figure 5.5) favorisant ainsi le phénomène de liquéfaction.

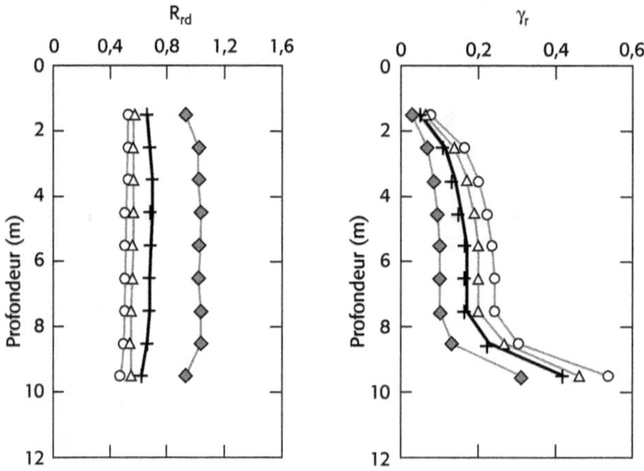

Figure 5.5 Distributions spatiales de R_{rd} et γ_r obtenues à partir d'une sollicitation sismique avec A_r = 20 % et G_r = 10 (Rayamajhi et al. 2012)

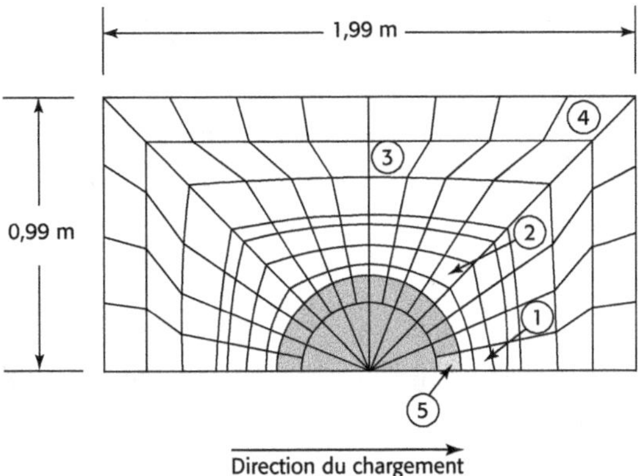

Figure 5.5 (suite)

Les méthodes de dimensionnement qui supposent la compatibilité des déformations de l'inclusion et du sol (voir Baez & Martin, 1993 [10]) peuvent donc amener à surestimer la réduction potentielle des contraintes de cisaillement liée à la présence d'inclusions.

À partir de la méthode simplifiée de Seed et Idriss (1971) pour la détermination du CSR, Rayamajhi propose de déterminer l'augmentation du coefficient de sécurité du sol renforcé en introduisant un coefficient de réduction de CSR nommé R_{CSR}, tel que :

$$F_{s\ final} = F_{s\ initial}/R_{CSR} \tag{5.9}$$

avec

$$R_{CSR} = \frac{CSR_I}{CSR_U} = \left(\frac{a_{max,i}}{a_{max,u}}\right) \cdot \left(\frac{r_{d,i}}{r_{d,u}}\right) = R_{a\ max} \cdot R_{rd} \tag{5.10}$$

u = sol non renforcé,

i = sol renforcé,

r_d = coefficient de profondeur.

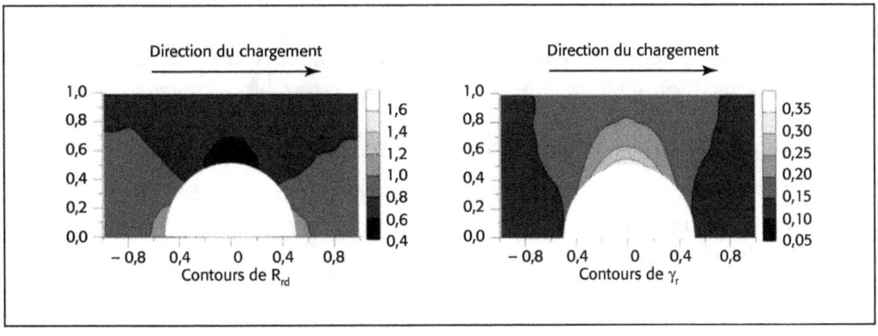

Figure 5.6 Contours de R_{rd} et γ_r dans la section A-A' (Rayamajhi et al. 2012)

Rayamajhi *et al.* (2012) proposent de modifier l'équation de Baez et Martin (1993) de la manière suivante :

$$R_{rd} = \cfrac{1}{G_r\left[A_r\,\gamma_r\,C_G + \cfrac{1}{G_r}(1-A_r)\right]} \tag{5.11}$$

où

> C_G : facteur équivalent de cisaillement de l'élément de renforcement de sol qui dépend de sa géométrie ($C_G = 1$ pour des éléments de renforcement circulaire),
>
> G_r : rapport du module de cisaillement de la colonne sur celui du sol,
>
> A_r : taux de substitution, soit A_{col}/A_{maille},
>
> γ_r : rapport de déformation de cisaillement entre la colonne et la déformation du sol environnant. Sur la base de plusieurs études paramétriques pour des A_r et G_r différents, il peut être estimé par $\gamma_r = (G_r)^{-0,8}$ pour des modèles géométriques basiques.

Dans la plupart des situations, l'augmentation du coefficient de sécurité est très faible de 1 à 5 %.

Étant donné que les inclusions rigides de petit diamètre ne sont pas drainantes, n'augmentent pas en général la compacité des sols (CRR), et ne diminuent pas ou peu le CSR, leur contribution à la réduction du potentiel de liquéfaction est considérée comme faible, voire négligeable.

L'augmentation importante des déformations de cisaillement mise en évidence par Rayamajhi à proximité immédiate de l'inclusion n'a que peu d'incidences sur le phénomène de liquéfaction dans le cas de colonnes ballastées puisque le phénomène de liquéfaction ne peut se produire dans cette zone en raison du fort caractère drainant de la colonne ballastée.

5.5 Dispositions constructives

L'épaisseur et les caractéristiques du matelas, ainsi que la position de la tête d'inclusion dans le matelas, sont essentielles pour assurer le bon fonctionnement du système matelas-inclusion-sol, en particulier le transit des efforts horizontaux par le matelas. Les recommandations de l'AFPS demandent à ce qu'il soit obligatoirement granulaire, de type sables et graviers (les sables B_{11} selon la classification GTR sont exclus) et compacté à 95 % de l'Optimum Proctor Modifié (OPM) ou 100 % de l'Optimum Proctor Normal (OPN).

Dans certaines situations (sol mou et humide par exemple), ces critères ne pourront être obtenus dans la couche h_1 uniquement si une couche h_2 est envisagée. Une indication sur les épaisseurs (h_1+h_2) de sables et graviers est donnée en fonction de q_c sur la figure 5.8.

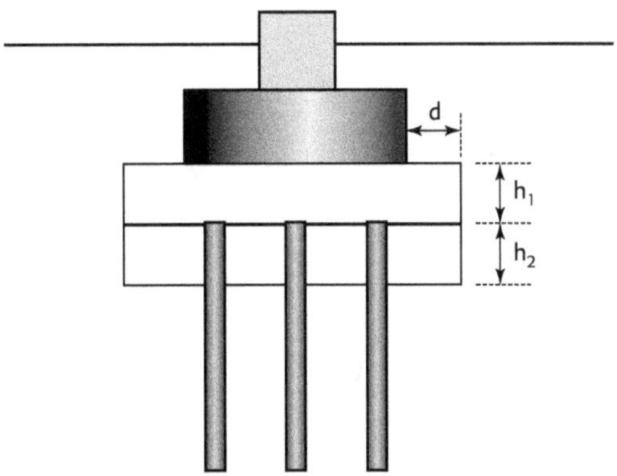

Figure 5.7 Géométrie du matelas granulaire

Ces valeurs sont à adapter en fonction de la teneur en eau. Le débord de matelas et la mise en place d'une couche h_2 faciliteront l'obtention d'une compacité élevée, notamment en présence d'un sol en place humide ou de faible compacité. Dans le cas d'efforts horizontaux élevés, la couche h_2 est obligatoire (voir tableau 5.4).

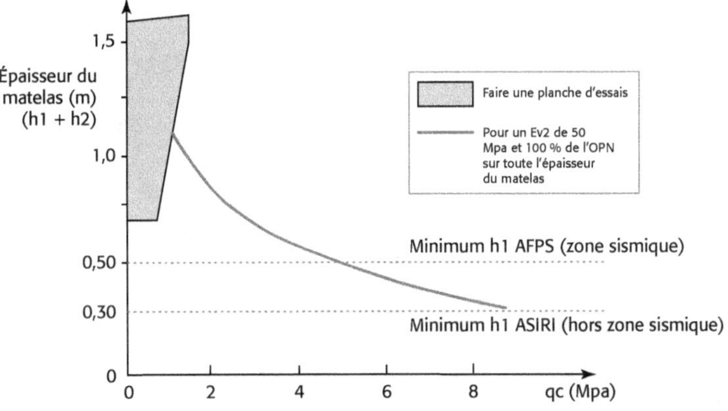

Figure 5.8 Épaisseur (h_1+h_2) recommandée pour un sol humide

Suivant la catégorie d'importance des ouvrages et la classe de sismicité, les dimensions minimales (h_1, h_2 et d) des matelas de répartition sont données dans le tableau 5.4.

Tableau 5.4 Caractéristiques dimensionnelles minimales du matelas selon les recommandations de l'AFPS

	Catégories d'importance II	Catégories d'importance III	Catégories d'importance IV
Zones sismiques	3 à 5	2 à 5	2 à 5
h_1	50	50	max (Ø ; 50 cm)
h_2 *	min (Ø ; 50 cm)	min (Ø ; 50 cm)	min (Ø ; 50 cm)
d	1 Ø	2 Ø	Ø + 50 cm

Commentaire* : h_2 est égal à 0 si V_{ed}/N_{ed} est inférieur ou égal à 0,5 (V_{ed} est l'effort horizontal de dimensionnement et N_{ed} est l'effort vertical de dimensionnement).

CHAPITRE 6

Autres procédés

6.1   Colonnes mixtes

La colonne mixte est une alternative à l'inclusion rigide, car elle présente tous les avantages de l'inclusion rigide sans les inconvénients. La colonne mixte (voir figure 6.1) est l'association d'une inclusion rigide avec une inclusion souple en gravier située dans sa partie supérieure (Bustamante *et al.*, 2006). Ainsi en zone sismique, il n'y a plus lieu de prévoir un matelas intercalaire avec ce procédé, sachant que les études expérimentales ont montré que la partie supérieure de la CMM° en gravier permettait de dissiper l'énergie inertielle aussi bien voire même mieux qu'un matelas granulaire, tout en participant à la portance de la fondation, et à la réduction des sollicitations dans la partie rigide.

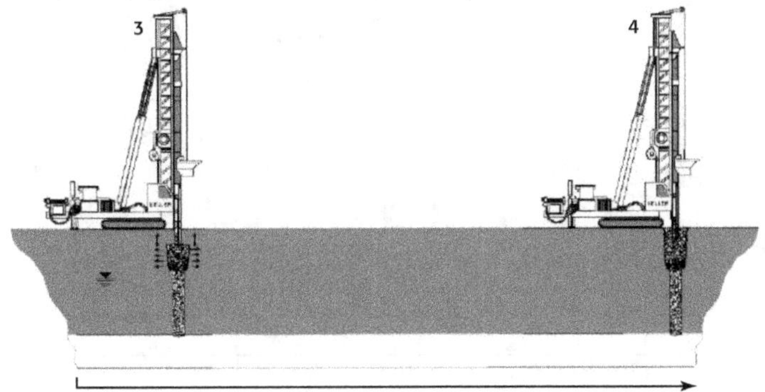

Phase 2 : partie supérieure de la colonne à module mixte CMM®

Figure 6.1 Procédure d'exécution de la colonne à module mixte CMM® (source : Keller)

Il est possible de couler les semelles pleine fouille et on évite toutes les difficultés de mise en œuvre, de compactage, et de contrôle du matelas.

Une étude expérimentale en laboratoire d'une semelle carrée reposant directement sur un groupe de quatre colonnes mixtes mises en place dans une argile molle a été réalisée au laboratoire 3S-R (Grenoble) afin d'analyser la réponse de ce système sous différentes charges statiques et dynamiques (Hana Santruckova, 2012).

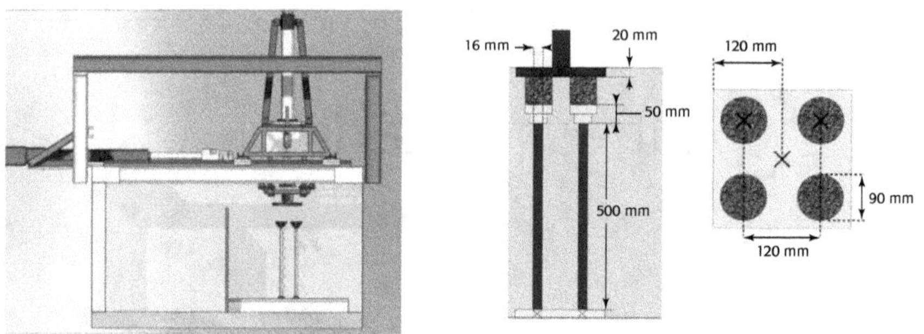

Figure 6.2 Modèle réduit en laboratoire d'une semelle sur colonnes mixtes (Hana Santruckova 2012)

Cette étude a permis de montrer que la portance d'une semelle reposant sur 4 colonnes mixtes pouvait être augmentée dans la même proportion sous un chargement vertical que pour un chargement combinant une charge verticale à une charge horizontale. Un comparatif de ces deux courbes (voir figure 6.3) met en évidence le fait que la courbe de rupture du sol renforcé est bien plus large que celle du sol non renforcé. La forme de ces deux enveloppes est homothétique avec un rapport approximatif de quatre entre les deux courbes.

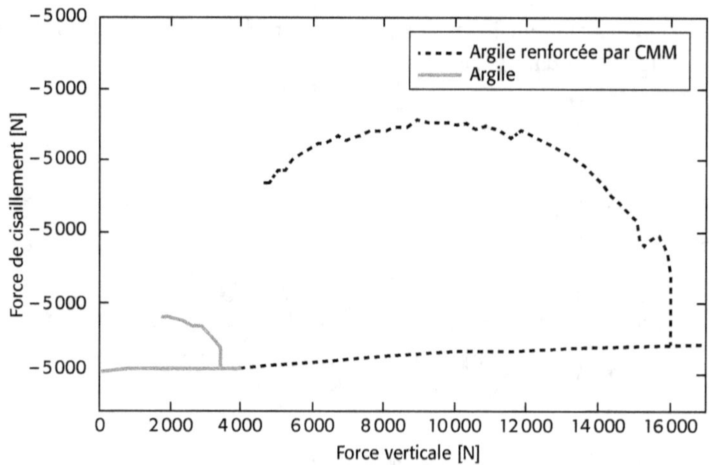

Figure 6.3 Modèle réduit d'une semelle sur colonnes à modules mixtes (Hana Santruckova, 2012)

Le chargement horizontal de trente cycles sous déplacements contrôlés de ± 2 mm à une fréquence de 2,7 Hz, a permis de montrer une dissipation importante de l'énergie inertielle sismique dans la partie supérieure souple. Grâce à la partie en gravier de la colonne mixte de plus d'un mètre d'épaisseur, les sollicitations sur la partie rigide ont été fortement réduites (la tête d'inclusion se déplace 10 fois moins que la semelle).

La partie en gravier de la colonne mixte présente un autre avantage : c'est qu'il est possible de la dimensionner pour placer la partie rigide dans le domaine 2 (cf. § 5.3).

6.2   Combinaison de procédés

Dans certains cas, il peut être intéressant de combiner les procédés. Par exemple, lorsque l'ouvrage nécessite des fondations sur pieux en zone liquéfiable, un traitement préalable par colonnes ballastées permettra de supprimer ce risque. La traversée d'une couche très compacte, épaisse, située en profondeur pour traiter une couche molle sous-jacente peut nécessiter l'utilisation de forages en petite perforation, privilégiant ainsi les techniques d'injection solide ou de jet-grouting relativement coûteuses alors que sur les premiers mètres, des techniques de renforcement de sol plus classiques de type vibrocompactage, colonnes ballastées, inclusions rigides, etc., pourront être envisagées.

CHAPITRE 7

Fondations superficielles

Les sollicitations sismiques, au niveau des fondations, se composent d'un moment et d'une force ayant une composante horizontale et une composante verticale. Les forces verticales sont transmises au sol par l'augmentation des contraintes au sol ; quant aux forces horizontales, leur transmission se fait par butée et (ou) par le frottement.

Le système de transfert au sol des forces horizontales le plus courant se fait par butée. Ce cas peut se justifier lors de l'exécution des fondations en pleine fouille quand l'état du sol environnant n'a pas été modifié.

Considérons un poteau en béton armé ou poteau en charpente métallique transmettant à un massif de fondations semi-enterrées, une force verticale N, une force horizontale V et un moment de flexion M. Ces efforts seront transmis au sol par la butée. Il est important de remarquer que la butée n'est normalement mise en jeu qu'à la suite de déplacements non négligeables du massif qui, par ailleurs, doivent rester compatibles avec les déplacements admis pour l'ouvrage en superstructure. Il est couramment admis que, si la butée est limitée à la valeur de la poussée hydrostatique, les déplacements restent dans des limites acceptables.

On fait l'hypothèse que la pression de la butée déduction faite de la pression de poussée, varie linéairement en fonction de la profondeur suivant la loi de Coulomb. La valeur maximale atteint au niveau inférieur du massif :

$$b = \rho\, h \left[tg^2 \left(\frac{\pi}{4} + \frac{\phi}{2} \right) - tg^2 \left(\frac{\pi}{4} - \frac{\phi}{2} \right) \right] \qquad (7.1)$$

avec :

ρ = poids spécifique des terres ;

φ = angle du talus naturel.

Dans le cas d'un massif parallélépipédique (figure 7.1) soumis aux sollicitations N, V et M, les équations d'équilibre s'écrivent :

- Projection sur un plan vertical :

$$N + G = \frac{1}{2}\,p\,a\,\ell \qquad (7.2)$$

- Projection sur un plan horizontal :

$$V = \frac{\ell}{2}\Big[\,b\,h - d\,(b+c)\,\Big] \qquad (7.3)$$

- Moment par rapport au point B :

$$V\,h + M - (N+G)\frac{L}{2} = \frac{\ell}{6}\Big[\,b\,h^2 - (b+c)^2\,d - p\,a^2\,\Big] \qquad (7.4)$$

Avec :

    L = largeur du massif ;

    H = hauteur du massif ;

    ℓ = profondeur du massif ;

    G = poids du massif.

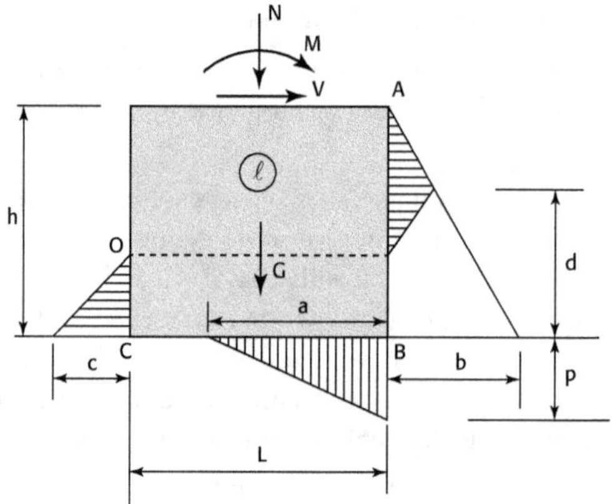

Figure 7.1 Équilibre d'un massif semi-enterré

Le problème est indéterminé, puisqu'il y a quatre inconnues : a, c, d, p et trois équations. On se fixe généralement *a priori,* la valeur de p = 1,33 σ_{sol}.

Toutefois, la prise en compte de la butée est basée sur les hypothèses selon lesquelles le sol est isotrope et homogène, et le déplacement de la surface de contact suffisante pour faire passer le sol de son état initial d'équilibre élastique à un état d'équilibre plastique. Ce changement d'état d'équilibre peut entraîner des déplacements importants qui ne sont pas toujours compatibles avec le bon comportement des structures ou avec le fonctionnement d'un processus industriel (ponts roulants).

L'abaque 7.2, établi d'après les relations données par Terzaghi et Gould, montre la relation qui existe entre la rotation de la paroi et la valeur de la pression des terres, butée ou poussée, en cas de chargement constant, sans tenir compte des effets cycliques. On remarque que le déplacement nécessaire pour mobiliser la poussée est relativement faible par rapport à celui qui est nécessaire à la mobilisation de la butée.

Si, toutefois, une fondation nécessite la mobilisation de la butée maximale pour assurer la stabilité de la structure à l'action sismique, on doit appliquer un coefficient de sécurité afin que les déplacements restent limités à des valeurs acceptables.

Pour les structures indéformables (sous-sols de bâtiments contreventés par voile → caisson), on devra utiliser la poussée des terres au repos. En effet, la valeur minimale de la pression à laquelle une structure donnée puisse être soumise est la poussée des terres. De plus, dans la transmission des forces horizontales interviennent d'abord les forces de frottements à la base des fondations. Ainsi, dans l'équilibre des forces, la butée intervient en complément ; elle est donc loin d'atteindre sa valeur maximale.

Dans la pratique, il faut décider, dès le début du projet, le déplacement compatible avec le type de structure et sa destination.

$$K = \frac{\sigma_H(\text{pression horizontale})}{\sigma_v(\text{pression verticale})} = \frac{p}{\gamma Z} \tag{7.5}$$

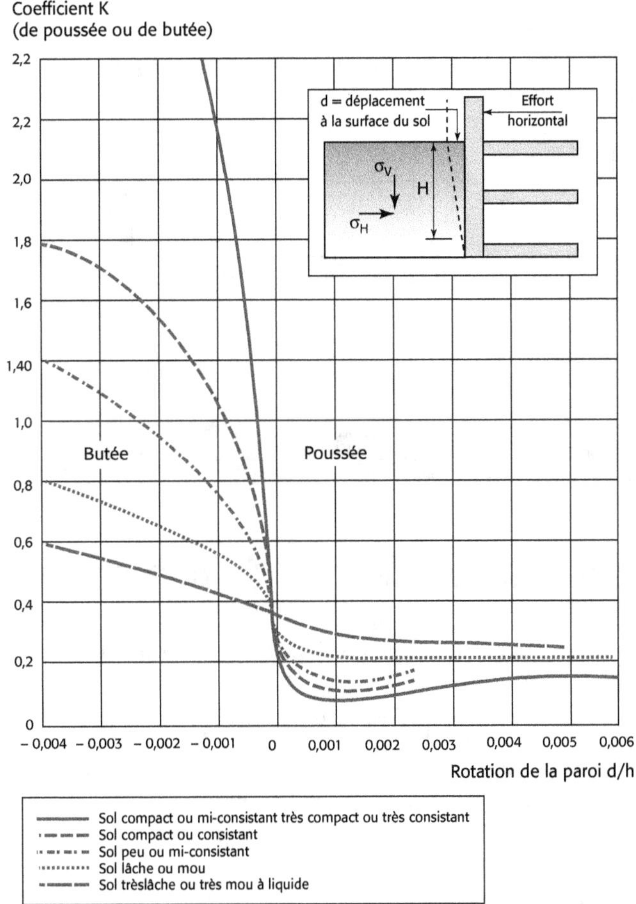

Figure 7.2 Relation entre la rotation d'une paroi et la pression latérale pour différents sols

Les critères suivants doivent être adoptés pour la transmission au sol de l'effort tranchant, de l'effort normal et/ou du moment [**EC8-5/5.3.2-(1)P**] :

- l'effort tranchant V_{ED} doit être transmis par un des mécanismes suivants [**EC8-5/5.3.2-(2)P**] :
  - force de frottement de calcul F_{HRD} entre la base horizontale de la semelle, du radier ou d'une dalle horizontale et le sol,
  - force de frottement de calcul F_{VRD} entre les faces latérales verticales de la fondation et le sol,
  - valeur de calcul de la butée des terres sur la face frontale,
  - il est admis de combiner la force de frottement avec jusqu'à 30 % de la butée passive F_B [**EC8-5/5.3.2-(3)P**] :

$$V_{ED} \leq F_{HRD} + F_{VRD} + 0,30 \, F_B \qquad (7.6)$$

$$F_{VRD} = 0 \text{ en cas d'étanchéité sur les parois du sous-sol}$$

- Effort normal N_{ED} et/ou le moment fléchissant M_{ED} peuvent être transmis au sol par un ou une combinaison des mécanismes suivants [**EC8-5/5.3.2-(4)P**] :
  - action de la composante verticale sur la base de la fondation,
  - par le moment fléchissant engendré par la force de frottement horizontal entre les parois des fondations profondes et le sol,
  - par les forces de frottement vertical des éléments des fondations enterrées ou des fondations profondes et le sol.

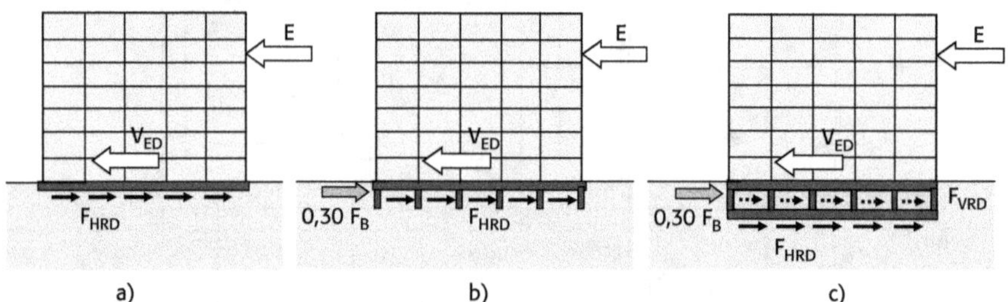

Figure 7.3 Transmission au sol de l'effort horizontal
a) radier : par frottement sous semelles ou radier ; b) bêches : par frottement et par butée au droit des bêches ;
c) sous-sol : par frottement sous le radier, sur les parois verticales s'il n'y a pas d'étanchéité, et par butée.

7.1 Glissement : vérification du non-glissement

Vis-à-vis du glissement, l'effort tranchant horizontal de calcul sur la fondation V_{Ed} doit satisfaire l'inégalité suivante :

$$V_{ED} \leq F_{Rd} + E_{fD} + 0,3 \, E_{pd}.$$

La valeur de calcul de la résistance au glissement de la fondation sur le terrain F_{Rd} pour des fondations au-dessus de la nappe peut être calculée comme suit :

$$F_{Rd} = N_{ed}.\tan \delta / \gamma_M$$

avec :

γ_M = coefficient partiel des matériaux égal à 1,25 ;

δ = l'angle de frottement entre la semelle et le sol que l'on assimile à l'angle de frottement interne critique du sol à la base de la semelle.

Pour des fondations situées en dessous de la nappe phréatique, F_{Rd} doit être évaluée sur la base des caractéristiques non drainées de l'interface.

Les efforts horizontaux sous la sous-face de la semelle sont, en général, égaux à ceux appliqués en tête de semelle, majorés par les forces d'inertie et minorés des efforts dissipés par frottement sur les faces latérales E_{fD}.

On pourra également faire participer la butée E_{pd} jusqu'à une valeur déterminée par le géotechnicien, qu'on limitera à 30 % de la valeur maximale de celle-ci, sous réserve de justifier que le déplacement nécessaire pour mobiliser cette réaction demeure acceptable vis-à-vis du comportement de la structure **[EC8-5 / § 5.3.2-(3)P]**. Il en est de même du frottement sur les faces verticales de la semelle E_{fD}, moyennant certaines dispositions d'exécution (compactage du remblai contre les parois de la semelle, coulage pleine fouille).

En l'absence de butée, la composante horizontale des sollicitations sismiques doit être équilibrée entièrement par le frottement produit sur la base de la fondation.

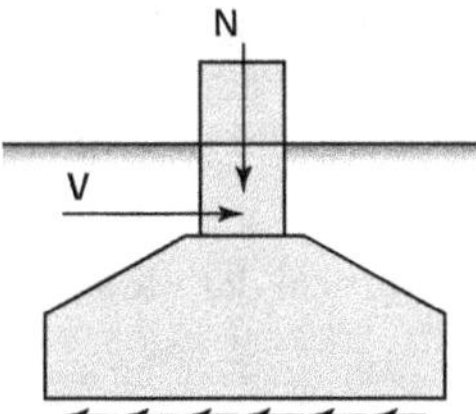

Figure 7.4 Équilibre par frottement pour une semelle ordinaire

La résistance au frottement dépend de la nature du sol d'assise, de la pression normale entre la fondation et le sol, et de l'angle de frottement ou de l'adhérence entre le sol et la fondation. Il est généralement admis que la rupture par cisaillement se produit non pas dans le plan de contact de la semelle avec le terrain, mais dans le sol lui-même dont une couche est entraînée par le mouvement. Il y a donc cisaillement du terrain ; c'est pourquoi on admet que le coefficient de frottement de la fondation sur le sol est égal au maximum, à $\mathrm{tg}\varphi'$ (tableau 7.1), auquel on applique le coefficient de sécurité γ_M.

Tableau 7.1 Angles de frottement interne

Nature du sol	tg φ'	$f = \dfrac{tg\,\phi'}{1,25}$
• Roche saine (avec surface rugueuse)	0,60	0,48
• Sols à gros éléments (sans limon ni argile)	0,55	0,44
• Roche fissurée (fracturée)		
• Sols à gros éléments (avec limon ou argile)	0,45	0,36
• Roche altérée		
• Sable fin	0,40	0,32
• Sable argileux	0,35	0,28
• Argile sableuse	0,30	0,24
• Argile plastique	0,25	0,20

Pour assurer la transmission des sollicitations horizontales il y a lieu de vérifier la condition de non-rupture par glissement **[EC8-5/5.4.1.1-(2)P ; (3)]** :

$$V \le F_{Rd} = N_{Ed}\ \frac{\tan \delta}{\gamma_M} \tag{7.7}$$

avec :

F_{Rd} = force de frottement de calcul au-dessus de la nappe phréatique ;

N_{Ed} = effort normal de calcul ;

δ = angle de frottement à l'interface sol-structure, peut être pris égal à la valeur de calcul de l'angle de frottement interne à l'état critique φ'_{crt} pour les fondations coulées en place et égal aux 2/3 φ'_{crt} pour les fondations préfabriquées **[EC7-1/6.5.3-(10)]** ;

γ_M = 1,25 **[EC7-1/3.1-(3)]**.

En plus de la force de frottement F_{Rd}, on peut tenir compte de la résistance latérale E_{pd} découlant de la pression des terres sur les ouvrages enterrés exécutés dans les conditions suivantes **[EC8-5/5.4.1.1-(5)]** :

- compactage du remblai contre les parois des fondations ;
- coulage en pleine fouille ;
- réalisation d'un mur de fondation vertical dans le sol (bêche).

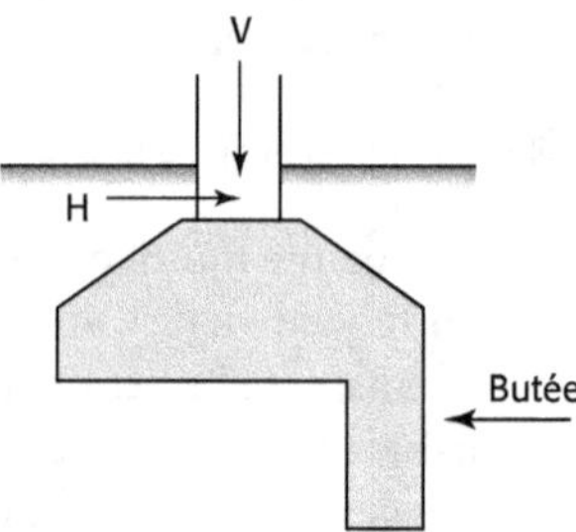

Figure 7.5 Équilibre par butée pour une semelle munie de bêche

Pour éviter toute rupture par glissement, l'expression suivante **[EC7-1/5.4.1.1-(6)P]** doit être satisfaite :

$$V_{Ed} \le F_{Rd} + E_{pd} \tag{7.8}$$

Dans le cas de fondations situées au-dessus de la nappe phréatique, un glissement limité est toléré s'il est compatible avec le comportement global de la structure et si les conditions suivantes sont remplies :

- les propriétés du sol restent inchangées pendant le séisme ;
- le glissement n'affecte pas le fonctionnement des réseaux connectés à la structure.

7.2   Capacité portante

Conformément à l'EN 1998-5 [12], la stabilité des fondations superficielles doit être vérifiée aux états limites ultimes à partir des sollicitations sismiques vis-à-vis de la rupture par glissement et aussi de la rupture par perte de capacité portante, sachant que la suppression du risque de liquéfaction est, en général, un préalable.

La vérification de la capacité portante de la fondation doit être effectuée sous la combinaison de l'effet des actions appliquées, charge verticale N_{ed}, charge horizontale V_{ed}, moment M_{ed} et selon l'EC8-5 Annexe F et la norme NF P 94-261, «Fondations superficielles».

D'après les expressions de l'annexe informative de l'Eurocode 8, on doit vérifier :

$$\frac{(1-e\overline{F})^{C_T}(\beta\overline{V})^{C_T}}{(\overline{N})^a\left[\left(1-m\overline{F}^k\right)^{k'}-\overline{N}\right]^b}+\frac{(1-f\overline{F})^{C'_M}\left(\gamma\overline{M}\right)^{C_M}}{(\overline{N})^C\left[\left(1-m\overline{F}^k\right)^{k'}-\overline{N}\right]^d}-1\leq 0 \qquad (7.9)$$

avec :

- $\overline{N}=\dfrac{\gamma_{rd}\times N_{Ed}}{N_{max}}$

- $\overline{V}=\dfrac{\gamma_{rd}\times V_{Ed}}{N_{max}}$

- $\vec{M}=\dfrac{\gamma_{rd}\times M_{Ed}}{B\times N_{max}}$

- pour des sols purement cohérents : $0<\overline{N}\leq 1\,;\,\left|\overline{V}\right|\leq 1$;

- pour des sols purement frottants : $0<\overline{N}\leq(1-m.\overline{F})^{k'}$;

- γ_{rd} : coefficient partiel de modèle donné par l'annexe F de l'EC8 (voir tableau 7.2 ci-dessous) ;

Tableau 7.2 Valeurs du coefficient partiel de modèle g_{Rd} de l'EC8 (tableau F2)

Sable moyennement dense à dense	Sable lâche sec	Sable lâche saturé	Argile non sensible	Argile sensible
1,00	1,15	1,50	1,00	1,15

- N_{max} est la capacité portante ultime de la fondation sous charge verticale centrée définie dans l'annexe F de l'Eurocode 8 pour une semelle filante à partir de C et ϕ. Il peut également se calculer en compression centrée pour des semelles isolées et à partir des essais pressiométriques ou pénétrométriques. Dans ce cas N_{max} est la valeur de calcul de la résistance ultime du terrain R_d sous la base d'une fondation superficielle déterminée en appliquant les coefficients partiels comme indiqué dans l'expression suivante :

$$R_d=\frac{R_k}{\gamma_{R;v}}=\frac{R_{v0}}{\gamma_{R;v}\gamma_{R;d}} \qquad (7.10)$$

où :

- R_d est la valeur de calcul de la résistance ultime du terrain,
- R_k est la valeur caractéristique de la résistance ultime du terrain,
- R_{v0} est la résistance verticale du terrain sous la base d'une fondation ($R_{v0}=k_p.p_l+q'_o$ ou $R_{v0}=k_c\cdot q_c+q'_o$),
- $\gamma_{R;d}$ est le coefficient de modèle lié au type de données utilisées et à la méthode de calcul employée (= 1,2 pour la méthode pressiométrique ou pénétrométrique),
- $\gamma_{R;v}$ est le facteur partiel permettant le calcul de la portance à l'ELU de 1,4 ;
- Paramètres numériques différents selon la nature du sol (voir tableau 7.3 ci-dessous) ;

Tableau 7.3 Tableau F1 des valeurs des paramètres numériques de l'EC8

	Sol purement cohérent	Sol purement frottant
a	0,70	0,92
b	1,29	1,25
c	2,14	0,92
d	1,81	1,25
e	0,21	0,41
f	0,44	0,32
m	0,21	0,96
k	1,22	1,00
k'	1,00	0,39
c_T	2,00	1,14
c_M	2,00	1,01
c'_M	1,00	1,01
b	2,57	2,90
g	1,85	2,80

- $\overline{F}$ est la force d'inertie du sol telle que :

$$\overline{F} = \frac{\rho.a_g.S.B}{\overline{c}} \qquad (7.11)$$

  – B, la largeur de la fondation,

  – ρ en kg/m^3,

  – a_g = valeur de calcul de l'accélération du sol de classe A,

  – S est un paramètre caractéristique de la classe de sol,

  – $\overline{c}$ est assimilé à c_u pour les sols cohérents ;

- dans les situations les plus courantes, $\overline{F}$ peut être pris égal à 0 pour les sols cohérents. Pour les sols sans cohésion, $\overline{F}$ peut être négligé si $a_g \cdot S < 0,1$ g (c'est-à-dire si $a_g \cdot S < 0,98$ m/s^2).

La capacité portante doit être vérifiée pour les combinaisons des actions de calcul N_{Ed}, V_{Ed}, M_{Ed} en prenant en compte l'inclinaison et l'excentricité résultant des forces d'inertie **[EC8-5/5.4.1.1-(8)P]**.

Pour les cas de charges autres que sismiques la valeur de calcul de la résistance ultime du terrain R_{vd} sous la base d'une fondation superficielle doit être déterminée en appliquant les coefficients partiels comme indiqué dans l'expression suivante (NF 94-261) :

$$R_{v,d} = \frac{R_k}{\gamma_{R;v}} = \frac{R_{v0}}{\gamma_{R;v}\gamma_{R;d}} \qquad (7.12)$$

où :

R_d est la valeur de calcul de la résistance ultime du terrain ;

R_k est la valeur caractéristique de la résistance ultime du terrain ;

$\gamma_{R;v}$ est le facteur partiel permettant le calcul de la portance à l'ELU (= 1,4) ou l'ELS (= 2,3 en quasi permanent), situation accidentelle (= 1,2),

$\gamma_{R;d}$ est le coefficient de modèle lié au type de données utilisées et à la méthode de calcul employée (= 1,2 pour la méthode pressiométrique ou pénétrométrique).

La contrainte nette q_{net} du terrain sous une fondation doit être déterminée à partir de la rela-

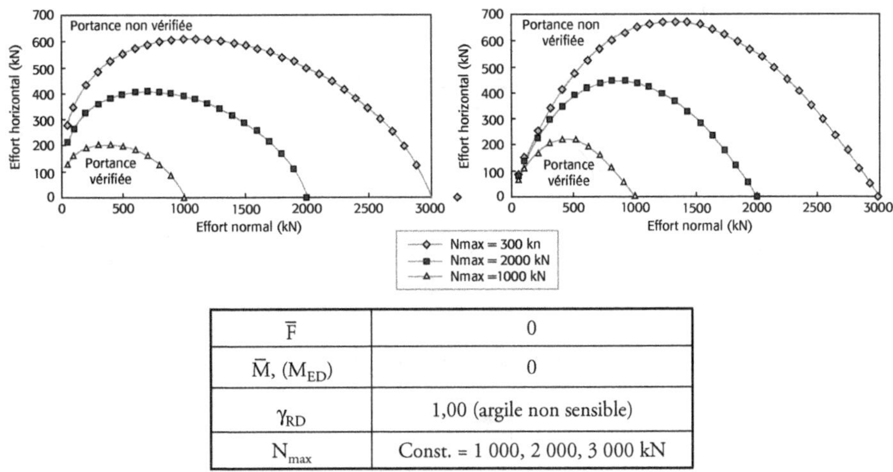

$\overline{F}$	0
$\overline{M}$, (M_{ED})	0
γ_{RD}	1,00 (argile non sensible)
N_{max}	Const. = 1 000, 2 000, 3 000 kN

Figure 7.6 Exemples d'application de la formule de l'EN 1998-5 pour un sol cohérent et frottant

tion suivante :

- à partir d'un essai au pénétromètre statique

$$q_{net} = k_c q_{ce} i_\delta i_\beta \tag{7.13}$$

- à partir d'un essai au pressiomètre

$$q_{net} = k_p p_{le}^* \, i_\delta i_\beta \tag{7.14}$$

avec :

- q_{ce} est la résistance de pointe équivalente (§ E.2.2 de l'EN 94-261) :
- k_c est le facteur de portance pénétrométrique (§ E.2.3 de l'EN 94-261) ;
- p_{le}^* est la pression limite nette équivalente (§ D.2.2 de l'EN 94-261) ;
- k_p est le facteur de portance pressiométrique (§ D.2.3 de l'EN 94-261).

Lorsque la fondation est soumise à un chargement d'inclinaison δ_d :

$$\delta_d = \arctan\left(\frac{H_d}{V_d}\right) \tag{7.15}$$

avec H_d et V_d les valeurs de calcul de la composante des efforts respectivement horizontale et verticale, il est nécessaire de calculer un coefficient i_δ qui dépend de la nature fine ou grenue du terrain ainsi que de la hauteur d'encastrement D_e de la fondation. Dans le cas de sols fins ou cohérents (en général, des sols fins saturés), caractérisés par la cohésion non drainée c_u et un angle de frottement nul, la relation suivante doit être utilisée :

$$i_{\delta;c;D_e/B} = \left(1 - \frac{2\delta_d}{\pi}\right)^2 \tag{7.16}$$

Dans le cas de sols grenus ou frottants (en général, des sables ou graves propres), caractérisés par un angle de frottement interne φ et une cohésion c' nulle ou négligeable la relation suivante doit être utilisée :

$$i_{\delta;f;D_e/B} = \left(1 - \frac{2\delta_d}{\pi}\right)^2 - \frac{2\delta_d}{\pi}\left(2 - 3\frac{2\delta_d}{\pi}\right)e^{-D_e/B} \text{ pour } \delta_d < \pi/4$$

$$i_{\delta;f;D_e/B} = \left(1 - \frac{2\delta_d}{\pi}\right)^2 - \left(1 - \frac{2\delta_d}{\pi}\right)e^{-D_e/B} \text{ pour } \delta_d \geq \pi/4 \tag{7.17}$$

Dans le cas de sols présentant à la fois un caractère fin et grenu, la relation suivante doit être considérée :

$$i_{\delta;cf;D_e/B} = i_{\delta;f;D_e/B} + \left(i_{\delta;c;D_e/B} - i_{\delta;f;D_e/B}\right)\left(1 - e^{-\frac{\alpha c}{\gamma B \tan(\varphi)}}\right) \tag{7.18}$$

où α est un paramètre de calage pris égal à 0,6.

Lorsque la base de la fondation est située à une distance d du bord du talus (figure 7.7), il est nécessaire de calculer un coefficient i_β qui dépend de la nature fine ou grenue du terrain ainsi que de la distance d.

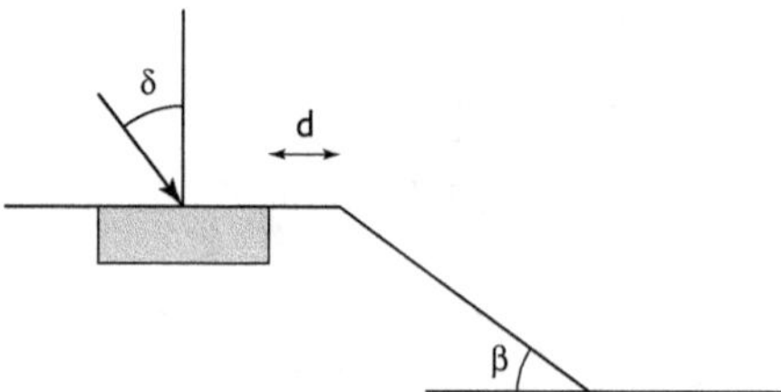

Figure 7.7 Coefficient minorateur tenant compte de l'inclinaison et de l'excentrement de la charge, et de la pente de talus

Dans le cas de sols fins ou cohérents (en général, des sols fins saturés) caractérisés par une cohésion non drainée c_u et un angle de frottement nul, pour un encastrement quelconque, la relation suivante est à utiliser :

$$i_{\beta;c;D_e/B} = 1 - \frac{\beta}{\pi}\left(1 - \frac{d}{8B}\right)^2 \text{ pour } d < 8B \tag{7.19}$$

Dans le cas de sols grenus ou frottants (en général, des sables ou des graves propres) caractérisés par un angle de frottement interne φ et une cohésion c' nulle ou négligeable, pour un encastrement quelconque, la relation suivante est à appliquer :

$$i_{\beta;f;D_e/B} = 1 - 0,9\left(\tan\beta\right)\left(2 - \tan\beta\right)\left(1 - \frac{d + \frac{D_e}{\tan\beta}}{8B}\right)^2 \quad \text{pour } d + \frac{D_e}{\tan\beta} < 8B \qquad (7.20)$$

Dans le cas de sols présentant à la fois un caractère fin et grenu, c'est-à-dire des sols intermédiaires, des sols marneux à calcaires, des sols indurés et certaines roches altérées, la relation suivante doit être considérée :

$$i_{\beta;cf;D_e/B} = i_{\beta;f;D_e/B} + \left(i_{\beta;c;D_e/B} - i_{\beta;f;D_e/B}\right)\left(1 - e^{-\frac{\alpha c}{\gamma B \tan(\varphi)}}\right) \qquad (7.21)$$

où a est un paramètre de calage pris égal à 0,6.

Les vérifications effectuées ci-dessus sont de nature pseudo-statique, ce qui signifie que lorsque la capacité de résistance du système est dépassée, il se produit non pas une rupture au sens usuel mais une accumulation de rotations irréversibles.

7.3 Radiers et caissons

Les radiers et les caissons [**EC8-5/5.4.1.3-(1) ; /5.4.1.4-(1)**] sont des composants structuraux qui permettent à la fois d'obtenir : un fonctionnement global à l'interface sol-structure, une transmission par frottement au sol et un fonctionnement en diaphragme en tête des fondations sur pieux.

Sous chargement statique, la répartition de la pression sur le sol est identique à la répartition de la charge qui produirait un tassement quasi-uniforme. Si le sol sous-jacent est constitué par un sol cohérent (argiles ou sables renfermant d'épaisses couches d'argiles) ou par un sol pulvérulent (sables), les contraintes suivront des courbes paraboliques (figure 7.8, a et b).

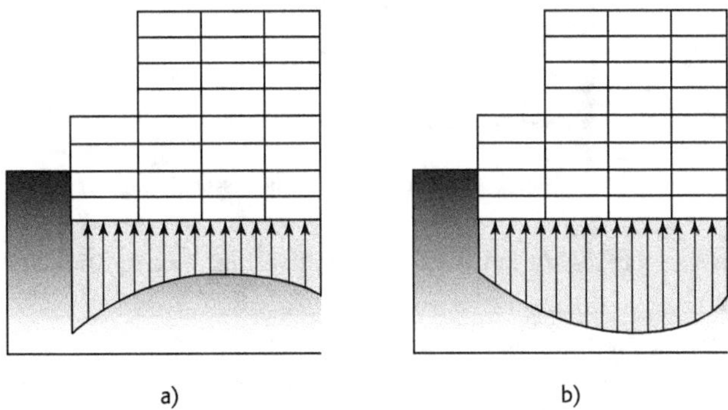

Figure 7.8 Répartition des contraintes sous charges verticales
a) Sol cohérent ; b) Sol pulvérulent.

De plus, si l'on tient compte de l'action du moment dû au chargement sismique, la répartition des pressions est représentée par la figure 7.9.

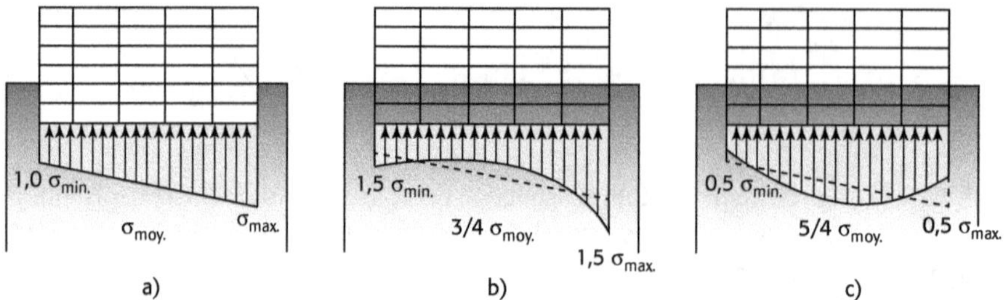

Figure 7.9 Répartition des contraintes sous charges verticales et horizontales
a) Distribution linéaire ; b) et c) Distributions paraboliques

Une infrastructure **[EC8-1/5.8.1-(5)]** de type caisson des structures dissipatives comprend :

- une dalle en béton agissant comme un diaphragme rigide ;
- une dalle et des longrines ou un radier au niveau des fondations ;
- des murs de fondations périphériques et/ou intermédiaires.

Pour les bâtiments **[EC8-1/4.3.3.2.1-(3)]** dont la réponse n'est pas affectée de manière significative par la contribution de modes de vibrations de rang plus élevé que le mode fondamental dans chaque direction principale et faisant l'objet de la méthode d'analyse par forces latérales, l'existence d'un caisson permet de réduire la hauteur de calcul **[EC8-1/4.3.3.2.2-(1) P]** à celle H_w depuis le sommet du soubassement rigide (figure 7.10).

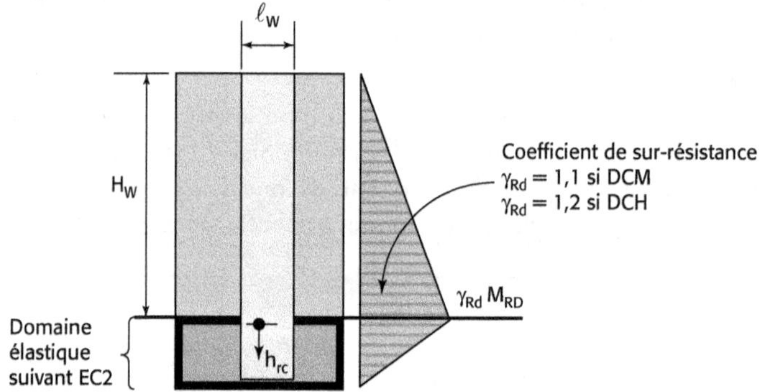

Figure 7.10 Infrastructure type caisson

Dans le cas du caisson **[EC8-1/4.2.1.6-(2)]**, on doit vérifier les conditions du dimensionnement en capacité :

- formation de rotule plastique au sommet du caisson ;
- pour les murs qui se prolongent avec la même section transversale au-dessus du caisson, on doit considérer une hauteur de zone critique en dessous du sommet du caisson (figure 7.10) sur une profondeur **[EC8-1 / 5.8.1-(5)]** de :

$$h_{cr} = \max\,[\ell_w,\ H_w/6] \tag{7.22}$$

- la totalité des éléments structuraux composant le radier seront conçus suivant l'Eurocode 2 et resteront dans le domaine élastique (q = 1) ;
- la hauteur libre totale des murs d'infrastructure doit être dimensionnée au cisaillement en supposant que le mur développe une sur-résistance en flexion $\gamma_{RD} \cdot M_{RD}$ au sommet de l'infrastructure et un moment nul au niveau des fondations :

  – *Ductilité DCM* : $1,1 \cdot M_{RD}$

  – *Ductilité DCH* : $1,2 \cdot M_{RD}$

7.3.1 Décollement des fondations

Si des efforts de soulèvement W sont susceptibles de se développer dans la structure, la résistance de la semelle à ce soulèvement résulte de son poids propre et de celui du sol sus-jacent. Lorsque la semelle se soulève, elle entraîne un prisme de sol (figure 7.11) dont la forme dépend des caractéristiques du terrain ; il est habituel de prendre un prisme de $\theta = 2 \times \varphi = 30°$ à $40°$.

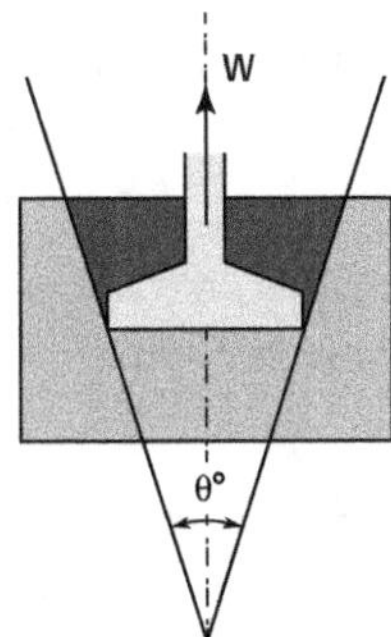

Figure 7.11 Soulèvement équilibré par un prisme pour un angle q = 30° à 40°

Pour une force de soulèvement relativement faible, on peut limiter la forme du prisme au volume défini par la surface de la semelle (figure 7.12).

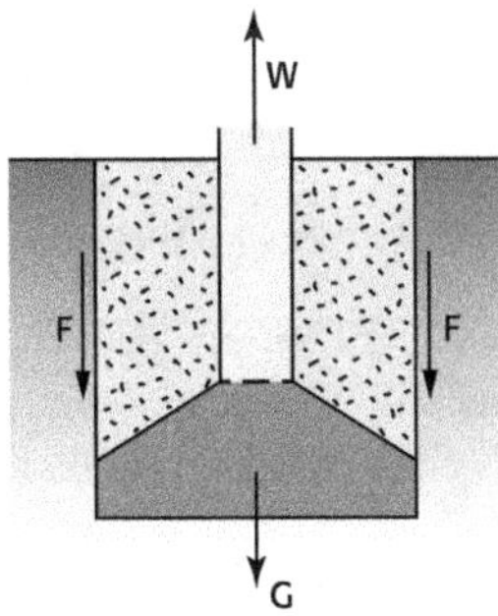

Figure 7.12 Soulèvement équilibré par un prisme droit

Notons :

G : le poids du sol et de la semelle

F : la force de frottement p_0 tg_φ' ou de cohésion $c\,A$

p_0 : la poussée horizontale totale au repos agissant sur l'ensemble de la surface latérale verticale

g_φ' : le coefficient de frottement

c : la cohésion (10 à 30 kN/m^2 pour les semelles superficielles)

A : la surface totale verticale au-dessus du périmètre de la semelle.

On a pour les sols purement pulvérulents :

$$W \leq G + p_0\ tg_\phi \tag{7.23}$$

et pour les sols purement cohérents :

$$W \leq G + c\,A \tag{7.24}$$

Dans le cas où le poids de l'ouvrage n'est pas suffisant pour équilibrer la composante verticale due au séisme, ou celui où la structure ne permet pas de mobiliser la totalité du poids de l'ouvrage, il y a risque de soulèvement.

Dans cette situation, soit la stabilité de l'ouvrage peut être assurée :

- soit en tenant compte du décollement ;
- soit, si possible, assurer la stabilité par des tirants verticaux ancrés dans le sol.

Lorsque le bon sol (rocher) se trouve à faible profondeur, on utilise de façon efficace, des tiges d'ancrage scellées au ciment ou des tirants précontraints (figure 7.13).

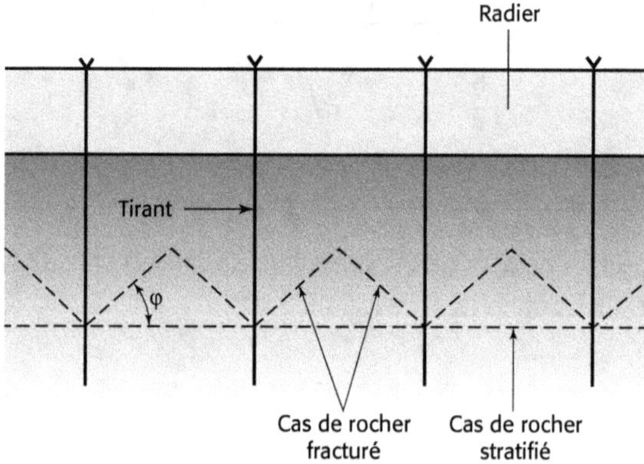

Figure 7.13. Soulèvement équilibré par ancrage au sol

Si le bon sol se trouve en profondeur, les tractions peuvent être équilibrées par des pieux ou micropieux qui travaillent par frottement. Quelle que soit la solution retenue, l'efficacité d'un système d'ancrage dépend du poids effectif du sol mobilisable.

7.3.2 Exemple de dimensionnement de micropieux

Dans le tableau 7.4, figurent des ordres de grandeur de résistance à la traction de micropieux de 10 m aux ELU sismiques pour différents types de sol.

Tableau 7.4 Exemples de charges admissibles à la traction pour un micropieu isolé de 10 m de longueur aux ELU selon la norme NF P 94-262

Valeur de calcul de la résistance critique ELU à la traction pour un micropieu isolé de type 2 d'un diamètre 0,15 m et d'une longueur de 10 m Rc ; cr ; d = Rs/(2,0.1,1)/1,15 = Rs/2,53				
Mono-couche	**Frottement latéral pour Pl = 0,5 MPa (en kPa)**	$R_{c\,;cr;d}$ **avec Pl = 0,5 MPa (en kN)**	**Frottement latéral q_s pour micropieux type 2 (en kPa)**	$R_{c\,;cr;d}$ **avec $q_{s\,max}$ (en kN)**
Argile	50	**93**	90	**168**
Sable et grave	50	**93**	170	**316**
Craie	70	**130**	200	**372**
Marne et calcaire	103	**192**	200	**372**
Roche altérée fragmentée	103	**192**	200	**372**

L'armature doit être dimensionnée pour reprendre les efforts ci-dessus.

CHAPITRE 8

Fondations semi-profondes et profondes

8.1   Transmission au sol de l'action sismique

Les forces horizontales auxquelles est soumis l'ouvrage sont normalement transmises au sol par frottement ou par butée. Pour garantir cette transmission, les règles parasismiques demandent de disposer, en tête des fondations profondes, un plancher (diaphragme horizontal) de rigidité suffisante pour uniformiser les déplacements de ces dernières **[EC8-5/5.4.1.3-(2)]**.

Dans le cas de fondations profondes, il est imprudent d'admettre l'existence d'une résistance par frottement entre la structure et le sol, car les charges verticales dans ce type de fondations sont transmises directement aux couches inférieures et non au sol situé immédiatement en-dessous de la structure en question.

À l'exception d'une butée ou d'un frottement latéral de l'ouvrage par l'intermédiaire de l'infrastructure, les sollicitations horizontales sont transmises au sol par la flexion des fondations profondes **[EC8-5/5.4.2-(1)P]**.

Si l'action horizontale est due au vent, la structure du bâtiment transmet cette action aux pieux qui à leur tour la transmettent au sol par butée (figure 8.1).

Si la structure est soumise à l'action sismique, les pieux seront sollicités par le mouvement du sol (interaction cinématique) et, en l'absence d'un sous-sol ou de bêches les pieux ou barrettes transmettent au sol à la fois l'action inertielle due aux forces d'inertie propres à la structure **[EC8-5/5.4.2-(1)P(a)]** et l'action cinématique **[EC8-5/5.4.2-(1)P(b)]** (figure 8.1 b, c).

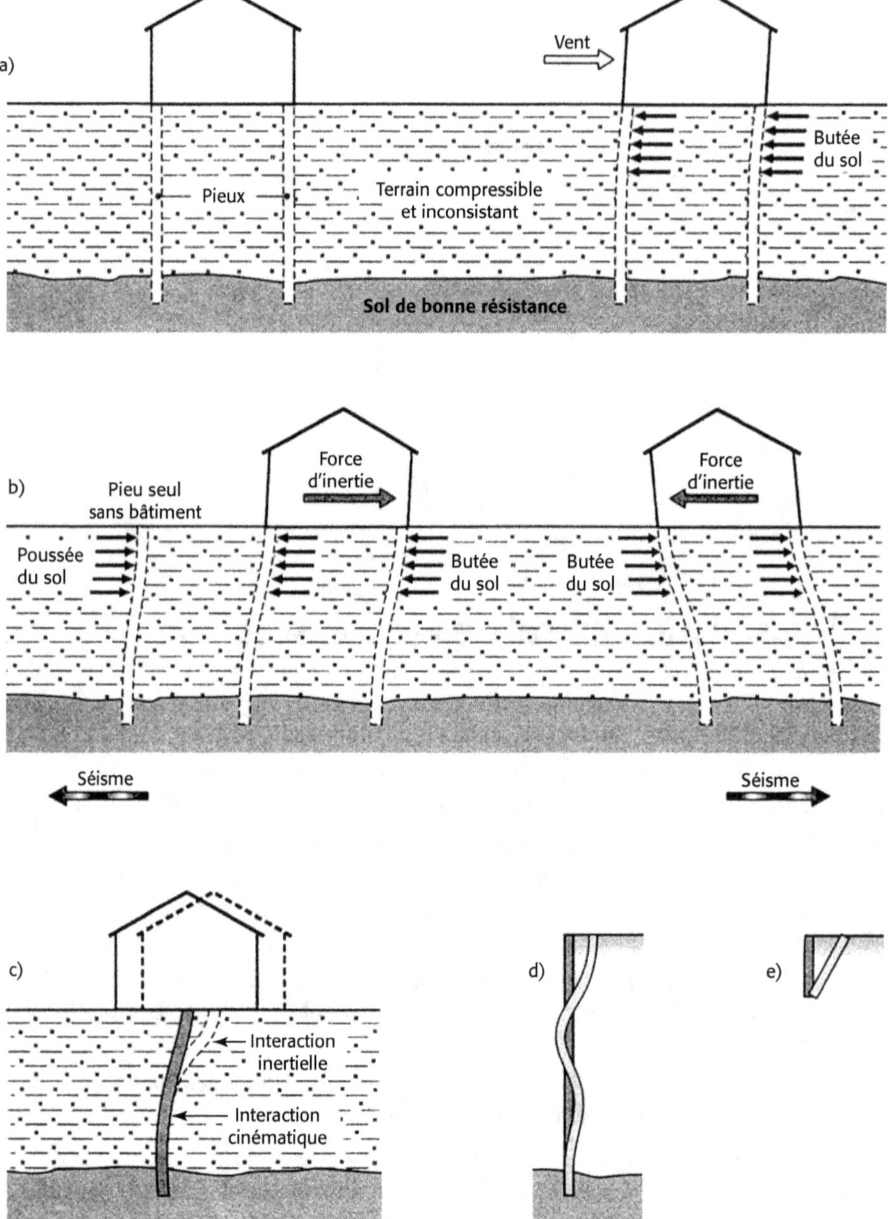

Figure 8.1 Transmission des efforts horizontaux au sol par les pieux a) de l'action du vent, b) de l'action sismique sans infrastructure, c) interaction cinématique et inertielle

Les forces d'inertie sont calculées en appliquant aux masses de la structure les accélérations résultant du mouvement d'interaction cinématique. Les effets induits par l'interaction inertielle sont très importants en tête de pieu et diminuent avec la profondeur. Les fondations profondes doivent avoir dans toutes les directions horizontales une flexibilité suffisante pour qu'elles ne développent avec le sol qu'une interaction modérée (interaction cinématique) et que leur déformée puisse être assimilée à la déformée du sol.

Les sollicitations des pieux résultent donc de la manière dont se fait le transfert des efforts entre les pieux et le sol.

Les pieux et les puits doivent être dimensionnés pour deux types d'actions **[EC8-5/5.4.2-(1)P]** :

- forces d'inertie provenant de la superstructure : N_{Ed}, V_{Ed}, M_{Ed} ;
- forces d'origine cinématique résultant de la déformation du sol due au passage des ondes sismiques. Elles sont à considérer uniquement quand toutes les **conditions suivantes sont réunies simultanément [EC8-5/5.4.2-(6)P]** :
  - sols de classe D (sable lâche $V_{s,30}$ <<180 m/s, moyennement dense, argile ferme à molle), S1 (couches contenant des strates > 10 m; argile molle), S2 (sites liquéfiables);
  - zones de sismicité modérée à forte (Z3, Z4, Z5) et la structure supportée est de catégorie d'importance III et IV.

La synthèse des cas à prendre en considération pour l'étude des effets inertiels et cinématiques est présentée dans le tableau 8.1.

Tableau 8.1 Synthèse des cas en fonction des zones de sismicité et des catégories d'ouvrages

Légende : I pour inertiel, C + I pour cumul cinématique et inertiel

Zone 2	I et II	III	IV
A		I	I
B		I	I
C		I	I
D		C+I	C+I
E		I	I
S1		C+ I	C+ I
S2		C+ I	C+ I

Zone 3 à 5	I	II	III	IV
A		I	I	I
B		I	I	I
C		I	I	I
D		I	C+I	C+I
E		I	I	I
S1		I	C+I	C+I
S2		I	C+I	C+I

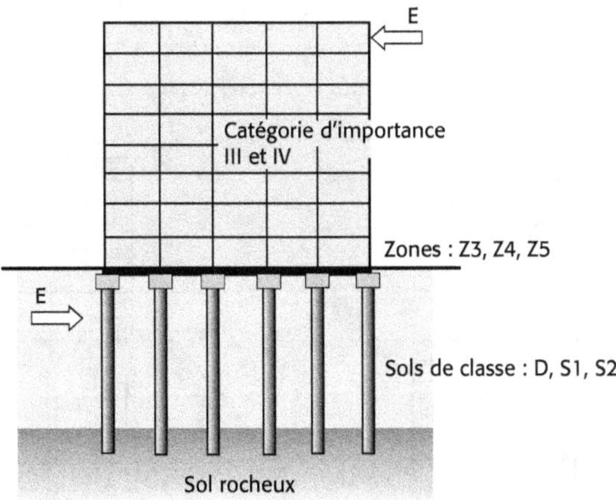

Figure 8.2 Transmission au sol par butée sur la longueur élastique des pieux

Par contre, si la transmission de l'action sismique peut se faire directement par la structure qui est suffisamment encastrée dans le sol (sous-sol rigide) pour qu'on puisse considérer que les déplacements de sa base s'identifient à ceux du sol situé dans son emprise, les pieux ou les barrettes seront sollicités uniquement par la déformation du sol (interaction cinématique) en plus, bien entendu, de la charge statique.

À défaut d'un encastrement suffisant, il y a lieu de disposer à la périphérie du bâtiment une bêche de profondeur et de rigidité suffisantes pour remplir le même office (figure 8.3 b). La transmission au sol de l'action inertielle se fait par l'entraînement (cisaillement) de la couche du sol située sur la hauteur des bêches.

Pour obtenir ce fonctionnement, les fondations d'un même bloc de construction doivent être disposées dans le même plan horizontal et de plus comporter un réseau de longrines en tête des pieux [**EC8-5/5.4.1.2-(2) ; (3)**].

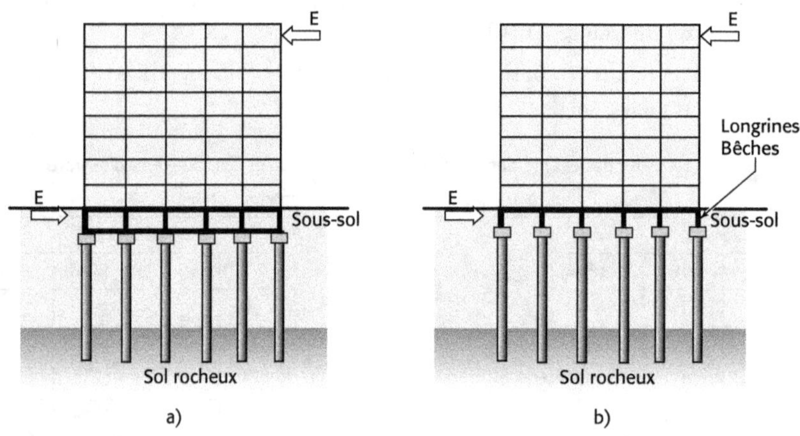

Figure 8.3 Transmission au sol par butée au droit du a) sous-sol ou par des b) bêches

Quel que soit le mode de transmission, il faut s'assurer que le sol, en fonction des ouvrages à proximité, est capable de fournir les réactions nécessaires à l'équilibre des forces. Dans le cas d'un canal à proximité (figure 8.4 a) ou d'un terrain en pente (figure 8.4 b), les pieux seront sollicités en flexion d'une manière plus importante pour transférer les réactions vers les couches inférieures.

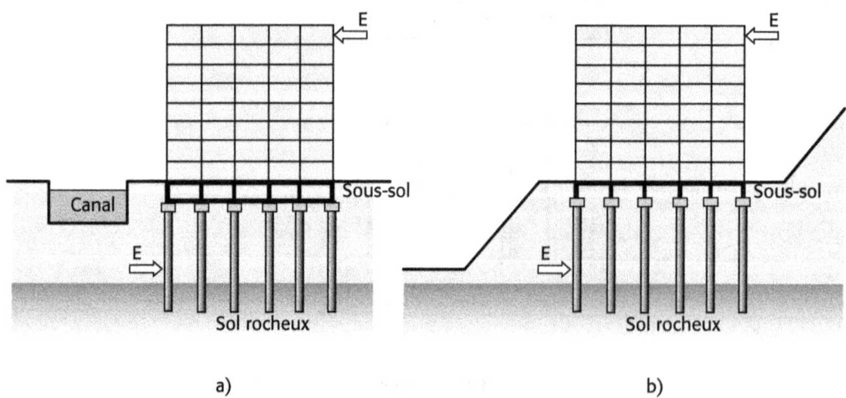

Figure 8.4 Transmission au sol en cas de présence à proximité d'un canal ou d'un terrain en pente

Les pieux ou les micropieux prévus pour résister à des efforts de traction **[EC8-1/5.8.4-(3)]** doivent présenter un ancrage suffisant dans la semelle sur pieux et dans le sol compact (3∅). Les armatures de traction du pieu seront déterminées en fonction du prisme de sol pouvant être mobilisé (figure 8.6).

Bien évidemment, dans le cas d'un groupe de pieux devant équilibrer un effort de traction, le volume de sol devra tenir compte des interférences des volumes élémentaires autour de chaque pieu (figure 8.5).

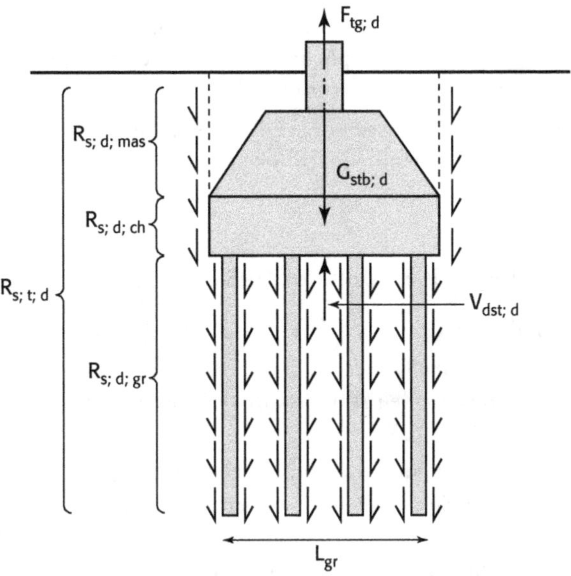

$F_{tg\,;\,d}$ est la valeur de calcul de la force déstabilisatrice incluant des forces permanentes et variables ;
$G_{stb\,;\,d}$ la valeur de calcul de la force provenant des charges permanentes stabilisatrices ;
$V_{dst\,;\,d}$ est la résistance mobilisable, par le groupe de fondations profondes ($R_{s\,;\,d\,;\,gr}$), par le contact entre le chevêtre et le sol ($R_{s\,;\,d\,;\,ch}$) et par le contact entre le bloc de sol situé sur le chevêtre et le terrain encaissant ($R_{s\,;\,d\,;\,mas}$).

Figure 8.5 Groupe de fondations profondes à l'arrachement-Justifications de type GEO/STR (NF P 93-262 § 10.3)

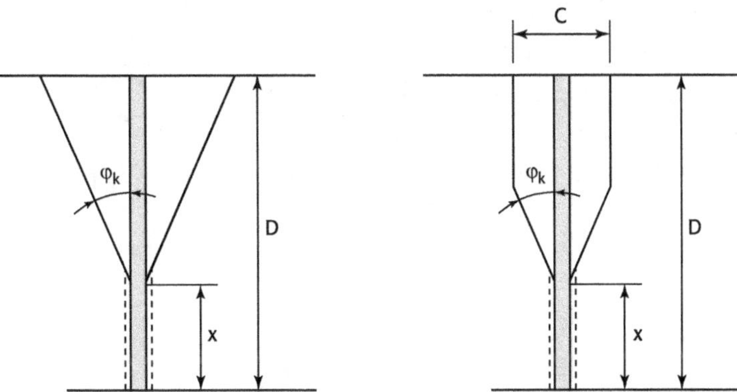

Figure 8.6 Mécanisme de rupture d'une fondation profonde isolée et d'une fondation profonde en réseau
(NF P 94-262 § 10.3)

8.2 Pieux

Les grands déplacements imposés aux pieux par le mouvement d'une masse de sol instable sont en grande partie responsables des dommages attribuables aux fondations lors des séismes. La rupture par flexion ou par effort tranchant ne semble pas avoir été fréquemment constatée, sauf comme conséquence de la liquéfaction du sol ou à proximité de l'encastrement de la structure. La rupture globale du sol en butée sous l'effet des forces horizontales appliquées en tête de pieux n'a jamais été rapportée.

Les pieux eux-mêmes, à condition d'être correctement exécutés, ne semblent pas particulièrement vulnérables aux effets pris en compte dans les méthodes de la pratique courante. Ainsi en zone sismique, les pieux seront armés sur toute leur longueur.

Les pieux inclinés ne sont pas recommandés **[EC8-5/5.4.2-(5)]**. Toutefois, s'ils sont utilisés il faut les dimensionner pour reprendre les efforts axiaux et les moments de flexion en cas de tassement du sol.

8.2.1 Détermination des sollicitations

Pour la détermination des sollicitations il faut tenir compte **[EC8-5/5.4.2-(3)P]** :

- de la rigidité en flexion du pieu ;
- des réactions du sol le long du pieu ; la résistance latérale en cas de couches liquéfiables doit être négligée **[EC8-5/5.4.2-(4)P]** ;
- de l'effet d'interaction dynamique entre pieux : effet de groupe ;
- du degré de liberté en rotation en tête de pieu, ou à la liaison entre le pieu et la structure. Pour calculer les rigidités des pieux, on peut utiliser **[EC8-5/Annexe C]** les expressions du tableau 6.5-1 données en fonction du modèle de sol.

La rigidité d'un pieu est définie **[EC8-5/C.1]** comme la force (moment) qui doit être appliquée à la tête du pieu pour produire un déplacement (rotation) unitaire suivant la même direction (les déplacements et rotations suivant les autres directions étant nuls) ; elle est notée :

K_{HH} = rigidité horizontale

K_{MM} = rigidité à la flexion

$K_{HM} = K_{MH}$ = rigidité de couplage

Les notations suivantes sont utilisées dans le tableau 8.2.

E = 3G module d'Young du modèle sol,

Ep = module du matériau constitutif du pieu,

Es = module d'Young du sol à une profondeur égale au diamètre du pieu

D = diamètre du pieu

z = profondeur

Tableau 8.2 Expressions de la rigidité statique de pieux flexibles, pour trois modèles de sols

Modèle de sol	$\dfrac{K_{HH}}{D\,E_s}$	$\dfrac{K_{MM}}{D^3\,E_s}$	$\dfrac{K_{HM}}{D^2\,E_s}$
$E = E_s \cdot \dfrac{z}{D}$	$0{,}60\left(\dfrac{E_P}{E_s}\right)^{0,35}$	$0{,}14\left(\dfrac{E_P}{E_s}\right)^{0,80}$	$-0{,}17\left(\dfrac{E_P}{E_s}\right)^{0,60}$
$E = E_s \cdot \sqrt{\dfrac{z}{D}}$	$0{,}79\left(\dfrac{E_P}{E_s}\right)^{0,28}$	$0{,}15\left(\dfrac{E_P}{E_s}\right)^{0,77}$	$-0{,}24\left(\dfrac{E_P}{E_s}\right)^{0,53}$
$E = E_s$	$1{,}08\left(\dfrac{E_P}{E_s}\right)^{0,21}$	$0{,}16\left(\dfrac{E_P}{E_s}\right)^{0,75}$	$-0{,}22\left(\dfrac{E_P}{E_s}\right)^{0,50}$

D'après l'Eurocode 8-5, les pieux doivent, en principe, être dimensionnés pour rester dans le domaine élastique **[EC8-5/5.4.2-(7)]**. Toutefois, une rotule plastique à leur tête est autorisée suivant les prescriptions de l'EC8 partie 1 **[EC8-1/5.8.4-(2)P]**.

L'Eurocode 8-1 **[EC8-1/5.8.4]** précise les conditions d'utilisation du dimensionnement en capacité pour les pieux :

a) Avec dimensionnement en capacité

Si les effets de l'action sismique pour le calcul des pieux sont déduits **[EC8-1/5.8.1-(2)P]** de considérations de dimensionnement en capacité telles que définies ci-dessus il n'est pas envisagé pour les fondations de dissiper d'énergie. En effet il s'agit de dimensionner une zone proche (qui reste élastique) d'une zone critique (qui se plastifie) et pour cela, on surdimensionne cette zone proche. Mais les efforts sont plafonnés par la zone plastifiée et prennent donc en compte le coefficient de comportement. Le surdimensionnement n'est que γ_{Rd} donc égal ou peu supérieur à 1, ce qui revient à appliquer un coefficient de comportement q/γ_{Rd} dans cette zone.

Rappel : *Le dimensionnement en capacité lors de la détermination des réactions, exige de prendre en compte la résistance effective (éventuelles sur résistances) de l'élément de structure qui transmet les actions [EC8-1/2.2.2-(4)P]. Il n'est pas nécessaire que ces effets soient supérieurs à ceux correspondant à la réponse de la structure dans le domaine élastique (q = 1,0) [EC8-1/4.4.2.6-(2)P].*

La conception et le dimensionnement des pieux doit vérifier les points suivants **[EC8-1/5.8.4-(1)P]** :

- la zone critique sous la semelle sur pieu est de 2D ;
- a l'interface de deux couches de rigidités différentes (rapport de module de cisaillement > 6) la zone critique sera de 2D de part et d'autre ;
- les armatures transversales et longitudinales seront calculées et disposées suivant les règles des zones critiques des poteaux pour la classe de ductilité correspondante ou au minimum pour la classe DCM.

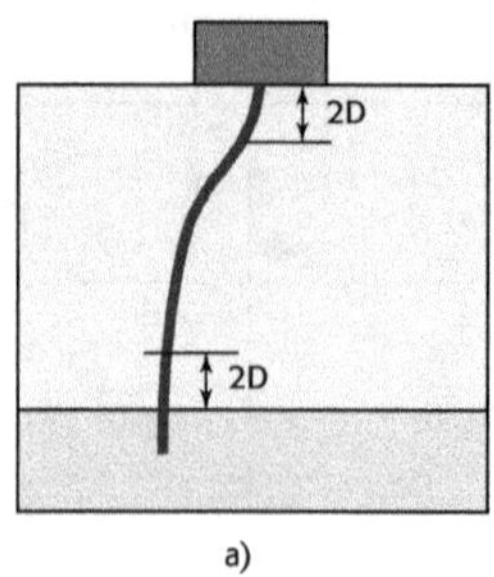

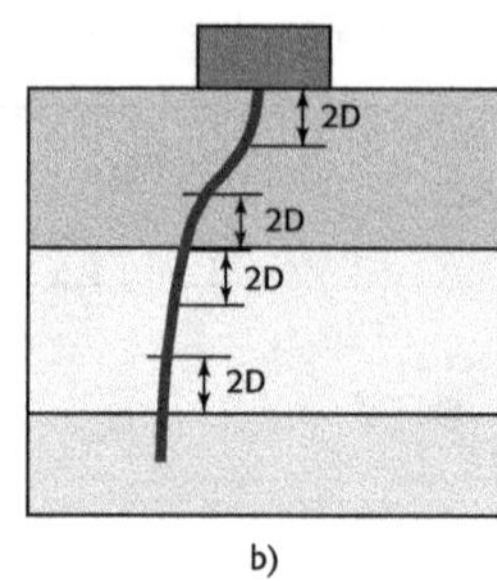

Figure 8.7. Étendue des zones critiques a) en dessous de la semelle et b) de part et d'autre d'une interface entre deux couches

b) Sans dimensionnement en capacité

Si les effets de l'action sismique pour le calcul des pieux sont déduits sans prendre en compte **[EC8-1/5.8.1-(3)P]** les considérations de dimensionnement en capacité, telles que définies par l'expression (8-1), alors leur conception et leur dimensionnement doivent respecter les règles correspondant aux éléments de superstructure pour la classe de ductilité retenue et de plus tenir compte de **[EC8-1/5.8.4-(2)P]** :

- la formation d'une rotule plastique au droit de la semelle ;
- la longueur de la zone critique augmentée à 3D au droit de la rotule plastique ;

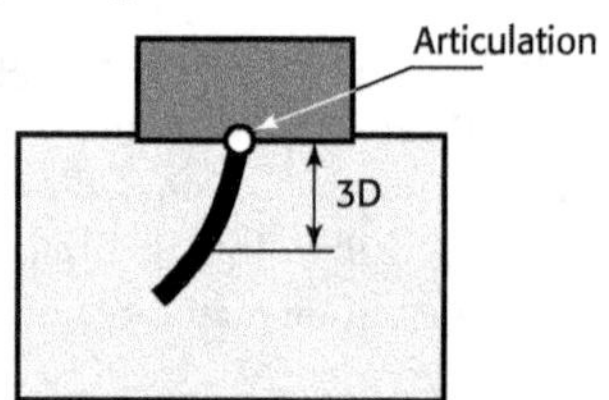

Figure 8.8 Rotule plastique

- la vérification en cisaillement du pieu en utilisant l'effort tranchant de calcul obtenu **[EC8-1/4.4.2.6-(4) à (8)]** à partir de l'expression (8.1) qui prend en compte le coefficient de sur résistance γ_{Rd} :

$$E_{Fd} = E_{F,G} + \gamma_{R,d}\, \Omega\, E_{F,E}$$

$$(8.1)$$

c) Structures faiblement dissipatives

Si les effets de l'action sismique pour le calcul des pieux sont déduits en prenant les valeurs des coefficients de comportement **[EC8-1/5.8.1-(4)]** des structures faiblement dissipatives alors dans la conception et le dimensionnement des pieux on peut suivre les prescriptions de l'Eurocode 2 :

q ≤ 1,5 pour les bâtiments en béton armé ;

q ≤ 1,5 à 2,0 pour les bâtiments métalliques ;

La section d'armatures longitudinales est obtenue à partir des valeurs du moment et de l'effort normal par les abaques C-1 à C-6 (annexe C).

8.2.2 Dispositions constructives

L'EC8-1 **[EC8-1/5.8.4-(1)P]** donne des dispositions constructives uniquement pour les zones critiques identiques à celles des poteaux pour la classe de ductilité correspondante ou au minimum pour la classe DCM.

Les armatures longitudinales :

- Le pourcentage total ρ_1 des armatures longitudinales **[EC8-1/5.4.3.2.2-(1)P]** rapporté à la section nominale du pieu de diamètre D_n doit être compris entre :

$$1\ \% \leq \rho_1 \leq 4\ \%.$$

Ou encore $\rho_1 \leq 3\ \%$ (hors zone de recouvrement)

- Nombre minimal de barres : 6
- Diamètre minimales : $d_{bL} \geq 12$ mm
- Espacement minimal des armatures verticales de nu à nu : ≥ 10 cm
- Espacement maximal des armatures verticales de nu à nu :
    - pour les structures de classe **[EC8-1/5.4.3.2.2-(11b)]** DCM ≤ 20 cm,
    - pour les structures de classe **[EC8-1/5.5.3.2.2-(12c)]** DCH ≤ 15 cm.
- Pour les longueurs d'ancrage et de recouvrement aucune majoration n'est exigée mais il est toutefois conseillé de majorées de :
    - 30 % hors zone critique,
    - 50 % dans la zone critique.

Les armatures transversales :

- Diamètre minimal : $d_{bw} \geq 8$ mm.
- Le premier cours d'armatures transversales doit être disposé à 50 mm au plus de l'arase inférieure de la semelle.
- Espacement maximal des armatures transversales en millimètres :
    - Classe **[EC8-1/5.4.3.2.2-(11a)]** DCM : $s \leq \min\{8\ d_{bL}\ ; 175\}$,
    - Classe **[EC8-1/5.5.3.2.2-(12c)]** DCH : $s \leq \min\{6\ d_{bL}\ ; 125\}$,
- Pourcentage mécanique **[EC8-1/5.4.3.2.2-(8)]** en volume ω_{wd} des armatures de confinement :

$$\omega_{wd} = \frac{\text{volume des armatures de confinement}}{\text{volume du noyau en béton}} \times \frac{f_{yd}}{f_{cd}}$$

$$\omega_{wd} = \frac{\pi D_0 \times A_{bw}}{\dfrac{\pi D_0^2}{4} s} \times \frac{f_{yd}}{f_{cd}} = \frac{4 A_{bw}}{s} \frac{D_0}{D_0^2} \times \frac{f_{yd}}{f_{cd}} = \frac{4 A_{bw}}{s D_0} \times \frac{f_{yd}}{f_{cd}}$$

avec :

D_n = diamètre nominal du noyau pieu ;

D_0 = diamètre du noyau confiné du pieu ;

f_{yd} = valeur de calcul de la limite élastique de l'acier ;

f_{cd} = valeur de calcul de la résistance à la compression du béton ;

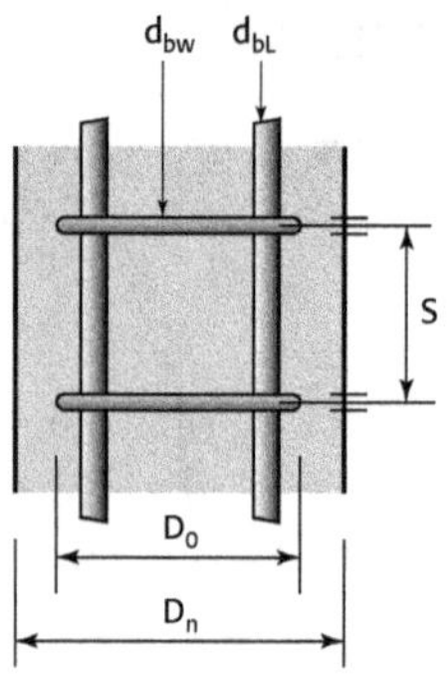

Figure 8.9 Cage d'armature

La valeur minimale du pourcentage ω_{wd} est de :

- en zone critique, classe **[EC8-1/5.4.3.2.2-(9)]** DCM : $\omega_{wd} \geq 8$ %,
- en zone critique, classe **[EC8-1/5.5.3.2.2-(10)]** DCH : $\omega_{wd} \geq 12$ %,
- hors zone critique $\geq \omega_{wd}/2$.

Les armatures transversales peuvent être constituées de cerces ou de spires hélicoïdales. Le retour d'expérience, après des séismes majeurs, montre que la rupture si elle se fait à un seul endroit d'une spire, provoque le déroulement de celle-ci. Il faut donc prévoir des cerces et non des spires, au moins sur la longueur des zones critiques.

Dans le cas où la chemise métallique du pieu est laissée dans le sol, sa section peut être prise en compte dans l'évaluation des armatures transversales, déduction faite de l'épaisseur susceptible de se corroder et sans réduire plus de 50 % de la section des armatures transversales.

8.3 Micropieux

Compte tenu de leur faible inertie, les micropieux fonctionnent principalement en compression/traction, et ils ont une faible aptitude à reprendre les chargements transversaux. Conformément à la norme NF P 94-262 (§ 12 et annexe R), il convient d'être attentif à tout défaut d'excentrement. Différents dispositifs comme des massifs communs à plus de trois micropieux ou des longrines de redressement peuvent être mis en œuvre. Dans ce cas, ils peuvent être inclinés afin de participer à la reprise des efforts horizontaux (voir figure 8.9).

L'Eurocode 8 ne prévoit pas de règles spécifiques pour les micropieux. On donne ci-après les dispositions prévues par les règles PS 92 :

- le diamètre du micropieu : inférieur à 300 mm ;
- la liaison à la structure doit réaliser un encastrement effectif du micropieu dans cette structure. Celle-ci doit être conçue pour résister à tout risque d'éclatement dans cette zone d'encastrement ;
- les micropieux doivent comporter, sur toute la hauteur d'une couche de sol dont les caractéristiques peuvent être affectées par les séismes, une section élargie qui doit être justifiée comme un pieu, résultant de la mise en place d'une chemise perdue. Ce type de solution doit assurer la transmission des efforts de la section élargie à la section courante ;

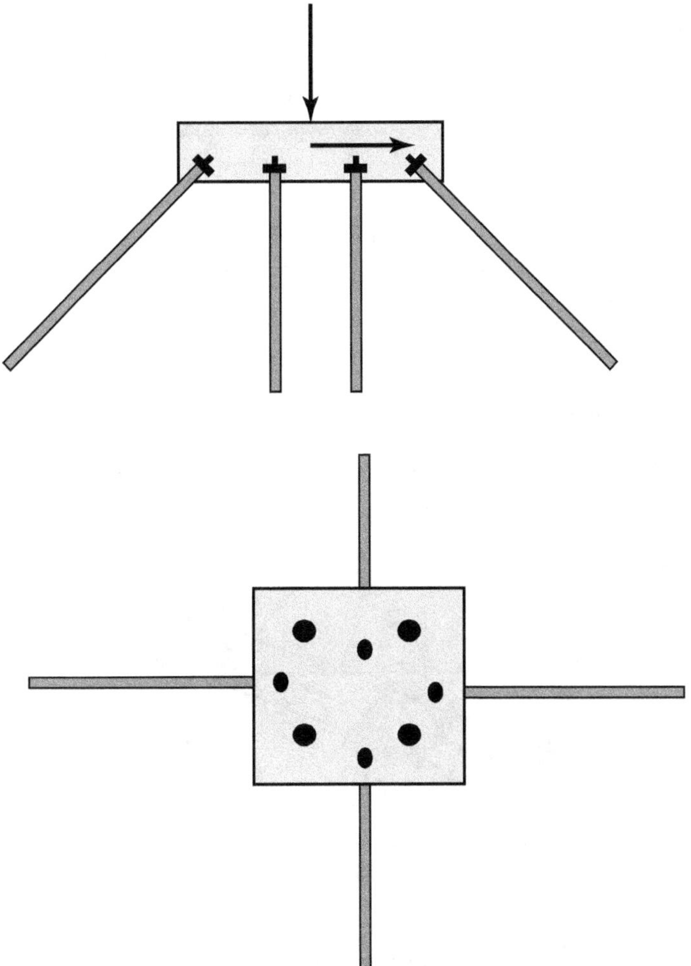

Figure 8.10. Disposition possible des micropieux ancrés dans un massif

- l'encastrement de la partie élargie dans le sol réputé non liquéfiable, est d'au moins 2,5 D_g (D_g = diamètre intérieur du chemisage) ;
- la section d'acier du chemisage dans la partie élargie, déduction faite de la corrosion, peut être prise en compte dans les calculs.

L'intérêt des micropieux réside dans l'utilisation de foreuses de petit gabarit qui peuvent évoluer facilement dans des bâtiments existants. Dans le cadre par exemple de la réhabilitation de bâtiments fondés de manière superficielle, la mise en place de micropieux ancrés dans une semelle change son mode de fonctionnement. Celui-ci correspond à une fondation mixte. La dénomination « fondation mixte » s'applique à l'ensemble semelle et inclusion conçu et calculé avec contact direct entre les deux et en tenant compte des possibilités réelles de mobilisation simultanée des efforts dans le sol, par les inclusions et la semelle.

8.4   Barrettes

L'Eurocode 8 ne prévoit pas de règles spécifiques pour les barrettes. On donne ci-après les dispositions prévues par les règles PS 92 dans l'hypothèse que ces éléments font partie d'un ensemble comportant des barrettes disposées orthogonalement et constituant un système complet de fondation.

Les barrettes isolées plates dont la déformation latérale n'est pas limitée par leur disposition d'ensemble doivent être armées comme des pieux (cf. § 8.2.2).

Les armatures verticales Aℓ

On doit avoir : $\Sigma\,A\ell \geq 0,5\ \%\ B_h$ si $B_h \leq 1\ m^2$

$\Sigma\,A\ell \geq 50\ cm^2$ si $1\ m^2 < B_h \leq 2\ m^2$

$\Sigma\,A\ell \geq 0,25\ \%\ B_h$ si $B_h \geq 2\ m^2$

Dans tous les cas on doit avoir au maximum (hors zone de recouvrement) :

$$\Sigma\,A\ell \geq 3\ \%\ B_h$$

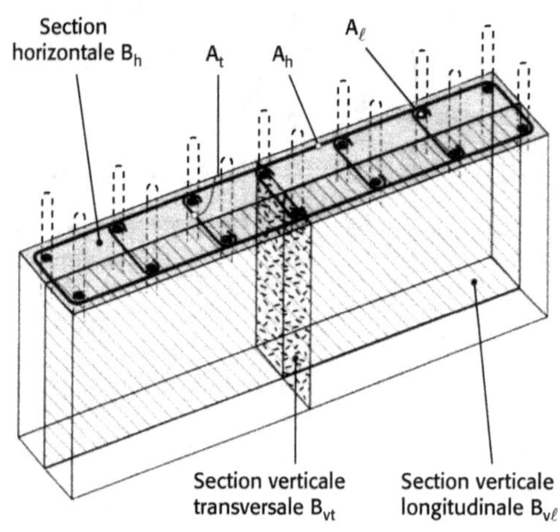

Figure 8.11

Les armatures verticales Ah

On doit avoir : $\Sigma\,Ah \geq 0,1\ \%\ B_{vt}$

Les armatures horizontales doivent reprendre l'effort tranchant et s'opposer au flambement des armatures verticales disposées sur les petites faces.

Les armatures transversales At

On doit avoir : $\Sigma\,At \geq 0,1\ \%\ B_{v\ell}$

Les armatures horizontales doivent s'opposer au flambement des armatures verticales disposées sur les grandes faces.

8.5 Puits

L'Eurocode 8 ne prévoit pas de règles spécifiques pour les puits. On donne ci-après les dispositions prévues par les règles PS 92 qui considèrent les puits, une colonne en béton reportant les charges verticales à sa base, dont l'élancement (hauteur/diamètre) ≤ 6 et dont le diamètre $D \geq 120$ cm.

Les dispositions constructives à appliquer sont les suivantes :

Pour les armatures longitudinales :

* nombre minimal de barres : 8 ;
* diamètre minimal : $\varnothing\ell \geq 12$ mm ;
* pourcentage des armatures longitudinales $\varpi\ell > 0,3$ %.

Pour les armatures transversales :

* diamètre minimal : max $[\varnothing\ell/3 \,;\, 3 \text{ mm}]$;
* pourcentage minimal en volume : $\varpi\ell > 0,2$ % ;
* espacement maximal entre spires ou cerces :
    - en partie courante $s \leq 12\ \varnothing\ell$,
    - en zone critique $s \leq 10$ cm.

Sont considérées comme zones critiques :

* la partie supérieure sur une longueur de 2D ;
* la hauteur de la couche dont les caractéristiques de résistance sont fortement diminuées par l'action sismique, augmentée de 2D.

Si l'élancement est inférieur à 6, on rencontre deux situations :

* il s'agit d'une substitution en gros béton pour le rattrapage du bon sol. Le sol sur la hauteur du puits peut parfaitement assurer le transfert des efforts sismiques du bâtiment ;
* si le sol sur la hauteur du puits ne peut assurer ce transfert il faut concevoir ces éléments suivant les recommandations ci-dessus pour les puits.

Bibliographie

AFPS, *Guide méthodologique pour la réalisation d'études de microzonage sismique*, novembre 1993.

AFPS, *Construction parasismique des maisons individuelles aux Antilles*, tome IV : « Recommandations », Éd. de l'AFPS, 2004.

AFPS, *Procédés d'amélioration et de renforcement de sols sous actions sismiques*, Presses de l'École des ponts et chaussées, 2012.

Andrus D.R. & Stokoe K.H., « Liquefaction Resistance of Soils from Shear-Wave Velocity », *Journal of Geotechnical and Geoenvironmental Engineering*, vol. 126, n° 11, nov. 2000, p. 1015-1025.

ASCE/SEI 41-06, *Seismic rehabilitation of existing buildings*, Reston, VA, 2007.

Aubry D. & Modaressi A., *GEFDYN. Manuel scientifique*, École centrale Paris, Laboratoire MSS-Mat, 1996.

Baez J.I. & Martin G.R., « Liquefaction Observations during Installation of Stone Columns using the Vibro-Replacement Technique », *Geotechnical News*, 10(3), 1992(a), 41-44.

Baez J.I. & Martin G.R., « Quantitative Evaluation of Stone Column Techniques for Earthquake Liquefaction Mitigation », *Proceedings of the 10th World Conference on Earthquake Engineering*, 1992(b), 1477-1483.

Baez J.I. & Martin G.R., « Advances in the Design of Vibro Systems for the Improvement of Liquefaction Resistance », *Proceedings of the 7th Annual Symposium of Ground Improvement*, 1-16, 1993.

Baez J.I. & Martin G.R., *Advances in the Design of Vibro Systems for the Improvement of Liquefaction Resistance. The 2nd Seismic Short Course on Evaluation and Mitigation of Earthquake Induced Liquefaction Hazards*, Division of Engineering San Francisco State University and Department of Civil Engineering University of Southern California, 1-16, 1994.

Baldi G., Bellotti R., Ghionna V., Jamiolkowski M. & Pasqualini E., *Interpretations of CPT's and CPTU's*, 2nd part : « Drained penetration of sands », 4th International conference on field instrumentation and in-situ measurements, Singapore, 1986, 143-156.

Barksdale R.D. & Bachus R.C., *Design and Construction of Stone Columns*, Report No. FHWA/ RD-83/026 and 027, School of Civil Engineering, Georgia Institute of Technology,

Atlanta - Georgia, Federal Highway Administration, Office of Engineering and Highway Operations Research and Development, 1983.

Bartlett S.F. & Youd T.L., « Empirical prediction of liquefaction-induced lateral spread », *J. Geotech. Eng.*, 121, 1995, 316-329.

Baudoin G., Rault G. & Thorel L., « Renforcement par inclusions rigides sous dallage. Modélisations en centrifugeuse », *Journées nationales de géotechnique et de géologie de l'ingénieur (JNGG 2010)*, Grenoble, 7-9 juillet 2010.

Booker J.R., Rahman M.S. & Seed H.B., *Gadflea. A Computer Program for the Analysis of Pore Pressure Generation and Dissipation During Cyclic or Earthquake Loading*, Report No. EERC 76-24, Univ. of California, Berkeley, 1976.

Boulanger R.W., Kutter B.L., Brandenberg S.J., Singh P. & Chang D., *Pile foundations in liquified and lateral spreading ground during earthquakes. Centrifuge experiments & analyses*, University of California, 2003.

Briançon L., *Renforcement des sols par inclusions rigides. État de l'art en France et à l'étranger*, Paris, IREX, 2002.

Briançon L., Kastner R., Simon B. & Dias D., « État des connaissances. Amélioration des sols par inclusions rigides », *Proceedings of International Symposium on Ground Improvement, ASEP-GI*, Paris, Presses de l'École nationale des ponts et chaussées, 2004, 15-44.

Bustamante M., Blondeau F. & Aguado P., *Cahier des charges Colonnes à Module Mixte CMM® Keller Fondations Spéciales*, 2006.

Chambosse G., *Liquefaction problems in the Fraser Delta and protection of a LNG tank*, Prof. em. Dr.-Ing. Herbert Bret, Darmstadt, 1983.

Cornou, C., Cadet H., Rocabado V., Schmitz M., Rendon H., Causse M. & Wathelet M., *Shear-wave velocities in Caracas inferred from inversion of phase velocities and ellipticities of Rayleigh waves*, Coloquio sobre Microzonificación Sísmica « Microzonificación Sísmica como Aporte para la Gestión del Riesgo », 19-22 mai 2009, Caracas, Venezuela.

Durgunoglu, Emrem, Karadayilar, Mitchell, Martin, Olgun, « Case History for Ground Improvement Against Liquefaction Carrefour sa Shopping Center-Izmit, Turkey », *Proceedings of Satellite Conference Lessons Learned From Recent Strong Earthquakes*, August 24, 2001, Istanbul, p. 299-304.

Fahey M. & Jewell R.J., « Effect of pressuremeter compliance on measurement of shear modulus », *Third Int. Symp. on Pressuremeter, Oxford*, Thomas Telford ed., London, 1990, p. 115-124.

Foti S. & Fahey M., « Applications of multistation surface wave testing », *Proceedings of the 3rd International Symposium on Deformation Characteristics of Geomaterials*, Lyon, France, 2003, p. 13-19.

Foray P. & Flavigny E., « Construire et concevoir parasismique. Géotechnique et parasismique. Le comportement dynamique des sols », Grenoble, Journées de formation novembre 2009

Fugro, « Data Sheet FEBV/GEN/BRO/021. Seismic cone penetration testing », 2001.

Gazetas G. & Mylonakis G., *Seismic soil structure interaction. New evidence and emerging issues. Geotechnical earthquake engineering and soil dynamics*, Geo-Institute ASCE Conference, Seattle, 3-6 August 1998, p. 1-56.

Girsang C., *A numerical investigation of the seismic reponse of the aggregate pier foundation system*, Thesis submitted to the faculty of Virginia Polytechnic Institute and State University, 2001.

Guéguin M., Buhan P. de & Hassen G., « A homogenization approach for evaluating the longitudinal shear stiffness of reinforced soils : column vs. cross trench configuration », Submitted to the *International Journal for Soils and Structures*, 2012.

Hardin & Dmevich, « Shear modulus and damping in soils. Measurement and parameter effects », *Journal of Soil Mechanics and Foundations*, Division ASCE 98-7 667-692, 1972.

Hashin Z., « Analysis of Composite Materials. A Survey », *Journal of Applied Mechanics*, vol. 50, 1983, p. 481-505.

Hatem Alia *et al.*, « Analyse du comportement sismique des sols renforcés par inclusions rigides et par colonnes à module mixte. Infrastructures, développement durable et énergies, *JNGG*, 2010

Hatem A., Shahrour I., Lambert S. & Alsaleh H., *Analyse du comportement sismique des sols renforcés par des inclusions rigides et par des colonnes à module mixte*, AUGC, 2009.

Hausler & Sitar, N., « Performance of soil improvement techniques in earthquakes », *Proceedings of the Fourth International Conference on Recent Advances in Geotechnical Earthquake Engineering and Soil Dynamics*, Paper 10.15, March 26-31, 2001.

Hausler & Koelling, « Performance of improved ground during the 2001 Nisqually, Washington earthquake », *Proceedings of the Fifth International Conference on Case Histories in Geotechnical Engineering*, April 13-17, 2003, New York.

Hayden & Baez, « State of practice for liquefaction mitigation in North America », *Proceedings of the International Workshop on Remedial Treatment of Liquefiable Soils*, Tsukuba Science City, Japan, 4-6 July 1994.

Hayward Baker, *Ground Modification Seminar Notes*, Hayward Baker, Odenton, Maryland, 1996, 102 p.

Ishihara, « Stability of natural deposits during earthquakes », *Proceedings of the 11th International Conference on Soil Mechanics and Foundation Engineering*, San Francisco, 1985, vol. 1, p. 321-376.

Ishihara « Liquefaction and flow failure during earthquakes », 1993.

Jamiolkowski M.B., Lo Presti D.C.F. & Manassero M.. « Evaluation of Relative Density and Shear Strength of Sands from CPT and DMT. Soil Behavior and Soft Ground Construction », ASCE, *GSP*, n° 119, 201-238, 2003.

Kramer S., Geotechnical Earthquake EngineeringPrentice Hall, 1996.

Lunne T., Robertson P.K. & Powell J.M. Cone penetration testing in geotechnical practice, London, Blackie Academic & Professional, 1997.

Madhav & Arlekar, « Dilation of granular piles in mitigation liquefaction of sand deposits », *12th World Conference Earthquake Engineering*, Auckland, 2000 (CD-ROM).

Madhav & Murali Krishna, « Liquefaction mitigation of sand deposits by granular piles, An overview », in *Geotechnical Engineering for disaster Mitigation and Rehabilitation*, Science Press Beijing and Springer-Verlag Berlin, 2008.

Marchetti S., « Sensitivity of CPT and DMT to stress history and aging in sands for liquefaction assessment », *Proceedings of CPT 2010 International Symposium*, Huntington Beach, California (disponible sur http://www.marchetti-dmt.it/).

Marchetti S., « The flat dilatometer », 18th CGT 2001 Conferenze Geotecnica, Torino, 56 p.

Martin G.R., Finn W.D.L. & Seed H.B., « Fundamentals of Liquefaction under Cyclic Loading », *Journal of Geotechnical Engineering Division*, ASCE, 101(GT5), 1975, 423-438.

Martin J.R., « CEE 5584 : Geotechnical Aspects of Earthquake Engineering », Course Notes, Fall 2000, Virginia Tech, Blacksburg, Virginia.

Massarsch K.R., « Deep Soil Compaction using Vibratory Probes », in Esrig M.I. & Bachus R.C. (eds.), *Deep Foundation Improvements. Design, construction, and testing*, Standard Technical Publication No. 1089, ASTM, 1991 , 297-319.

Massarsch K.R. & Broms B.B., « Soil Compaction by Vibro Wing Method », *in* Rathmayer H.G. & Saari K.H.O. (eds.), *Proceedings of the 8th European Conference on Soil Mechanics and Foundation Engineering*, 1983, 1, 275-278.

Massarsch K.R. & Lindberg B., « Deep Compaction by Vibro Wing Method », *Proceedings of the 8th World Conference on Earthquake Engineering*, 1984, 3, 103-110.

Mayoral J.M., Romo M.P., Cirion A. & Paulin, J., « Effect of layered clay deposits on the seismic behaviour of a rigid inclusion », *Proceedings of the Symposium on rigid inclusions in difficult subsoil conditions*, ISSMGE TC36, Sociedad Mexican de Mecanica de Suelos, 11-12 May 2006.

Mitchell, Baxter & Munso, « Performance of improved ground during Earthquakes, Soil improvement for liquefaction hazard mitigation », *Geotech. special Pub.*, No. 49, ASCE, 1995, p. 1-36.

Mitchell, Cooke & Schaeffer, « Design considerations in ground improvement for seismic risk mitigation, Geotechnical Earthquake Engineering and Soil Dynamics III », *Geotech. special Pub.* No. 75, ASCE, vol. 1, p. 580-613.

Mitchell & Huber, « Stone Column Foundations for a Wastewater Treatment Plant. A Case History », *Geotechnical Engineering*, vol. 14, 1983, p. 165-185.

Munfakh & Wyllie, « Ground improvement engineering. Issues and selection », in *GeoEng 2000, Melbourne Lancaster, Basel : Technomic*, 2000, vol. 1, p. 333-359.

NCEER (2001) : voir Youd I. ci-après.

Nguyen Ngoc-Thanh, Foray P. & Flavigny É., « Prise en compte de l'effet de la mise en place dans la modélisation numérique en 3D des colonnes ballastées dans l'argile molle », *XVIIIe Congrès français de mécanique*, Grenoble, 2007.

Olgun C.G., *Performance of Improved Ground and Reinforced Soil Structures during Earthquakes. Case Studies and Numerical Analyses*, Ph.D. Dissertation, Department of Civil and Environmental Engineering, Virginia Polytechnic Institute and State University Virginia, 2003.

Onoue A., « Diagrams considering well resistance for designing spacing ratio of gravel drains », *Soils and Foundations, Japanese Soc. of Soil Mechanics and Foundation Engineering*, 28(3), 1988, 160-168.

Ousta R., *Étude du comportement sismique des micropieux*, Thèse de doctorat, Université des sciences et technologies de Lille 1, Laboratoire de mécanique, 1998.

Paolucci R. & Pecker A., « Seismic bearing capacity of shallow strip foundations on dry soils », *Soils Found.*, 37(3), 1997, 95-105.

Parez L. & Fauriel R., « Le pièzocône/ Améliorations apportées à la reconnaissance de sols », *Revue française de géotechnique*, 44, 1988, 13-27.

Pecker, « Capacity design principles for shallow foundations in seismic areas », Keynote lecture, *11th European Conf. on Earthquake Engineering*, sept. 1998, Paris.

Pecker & Salençon, « Ground reinforcement in seismic areas », *11th Panamerican Conf. on Soil Mechanics and Geotechnical Engineering*, Aug. 1999, vol. 2, Foz de Iguazu.

Pecker, « Design and construction of the Rion Antirion bridge », *Proc. ASCE Geo-Trans 2004 on Geotechnical Aspects of Transportation Engineering*.

Priebe H.J., « Vibro-replacement to prevent earthquake induced liquefaction », *Proceedings of the Geotecnique Colloquium at Darmstadt, Germany*, Technical paper 12-57E, 1998, 13 p.

Pecker A. & Pender M.J., « Earthquake resistant design of foundation », *New construction*, vol. 1, 2000, p. 313-332.

Pestana J.M., Hunt C.E. & Goughnour R.R., *FEQ Drain. A finite element computer program for the analysis of the earthquake generation and dissipation of pore water pressure in layered sand deposits with vertical drains*, Report No. EERC 97-17, Earthquake Engineering Res. Ctr., UC-Berkeley, CA, 1997.

PHRI, *Handbook on liquefaction remediation of reclaimed land*, Rotterdam, A.A. Balkema & Brookfield, 1997.

Prevost, J.H., Dynaflow. *A nonlinear transient finite element analysis program*, Version 02, Tech. Report, Dept. of Civil and Environmental Engineering, Princeton University, 2002, (http://www.princeton.edu/~dynaflow/).

Projet National ASIRI (Amélioration des Sols par Inclusions Rigides).

Puech A., *Présentation CFMS. L'essai de pénétration au cône (CPT) et ses différentes applications*, Fugro France, 2005.

Rangel Nuñez, Ovando Shelley, Aguirre, Ibarra Razo, « A parametric study of the factors involved in the dynamic response of soft soil deposits when rigid inclusions are used as foundation solutions », *Proceedings of the symposium on rigid inclusions in difficult subsoil conditions*, ISSMGE TC36, Sociedad Mexican de Mecanica de Suelos, 11-12 May 2006.

Rayamajhi D., Nguyen T.V., Ashford S.A., Boulanger R.W., Lu J., Elgamal A. & Shao L., « Effect of Discrete Columns on Shear Stress Distribution in Liquefiable Soil », *State of the art and practice in Goethecnical Engineering*, Geo-Congress, 2012.

« Recommandations sur la conception, le calcul, l'exécution et le contrôle des colonnes ballastées sous bâtiments et ouvrages sensibles au tassement », *R.F.G.*, n° 111, 2e trimestre 2005.

Reiffsteck, « Nouvelles technologies d'essai en mécanique des sols. État de l'art, *Compte-rendu du Symposium international Identification et détermination des paramètres des sols et des roches pour les calculs géotechniques PARAM 2002*, Paris, Presses de l'ENPC/LCPC, p. 201-242.

Robertson P.K. & Cabal K.L., « Estimating soil unit weight from CPT », *2nd International Symposium on Cone Penetration Testing*, May 2010, California.

Rollins *et al.*, « Liquefaction Hazard Mitigation Using Vertical Composite Drains », *13th World Conference on Earthquake Engineering Vancouver*, B.C., Canada, August 1-6, 2004 Paper No. 2880.

Salençon J., « An introduction to the yield design Theory and its applications to soil mechanics », *Eur. J. Mech. A/Solids*, 9, 5, 1990, 477-500.

Schlosser, De Buhan, « Theory and design related to the performance of reinforced soil structures », *Proc. International Reinforced Soil Conference*, Glasgow 10-12 Sept. 1990, British Geotechnical Society, 1-14.

Schmertmann J.H., « An updated correlation between relative density Dr and Fugro-type electric cone bearing qc. », *DACW 39-76 M6646*, Waterways Experiment Station, U.S.A. 1976.

Seed & Idriss, *Soil moduli and damping factors for dynamic response analyses*, EERC report n° EERC-70-10, Berkeley, CA, 1970.

Seed H.B., Martin P.P. & Lysmer J., *The Generation and Dissipation of Pore Water Pressures During Soil Liquefaction*, University of California, Berkeley, Earthquake Engineering Research Center, NSF Report, 1975, 252-648.

Seed & Booker, « Stabilization of potentially liquefiable sand deposits using gravel drains », *J. Geotechnical Eng. Div.*, ASCE, 103(GT7), 1977, 757-768.

Serratrice J.F., « Moyens d'essais de laboratoire pour la caractérisation de la liquéfaction des sols. Essais de laboratoire et essais au piézocône », Réunion technique de CFMS, 24 mars 2010, Paris.

Shahrour I., Sadek M. & Ousta R., « Three-Dimensional Finite Element Modelling of the Seismic Behavior of Micropiles Used as Foundation Support Elements », *Transportation Research Record, J. of the Transportation Research Board*, vol. 1772, 2001, p. 84-90.

Shahrour I. & Alsaleh H., « Influence of plasticity on the seismic soil-micropile-structure interaction », *Soil Dyn. Earthquake Eng.*, vol. 29, issue 3, 2009, p. 574-578.

Sondermann W. *et al.*, « Ground improvement to reduce the liquefaction potential around pile foundations », *Publications of the Geotechnical Institute of the Technical University of Berlin*, Issue No. 57, Berlin, 2011, Presentation to the 7th Hans Lorenz Symposium on 6 Oct. 2011.

Souloumiac R., « Méthode simplifiée de calcul des pieux en zones sismiques », *Annales de l'Institut technique du bâtiment et des travaux publics*, n° 441, 1986.

Soyez B., « Méthodes de dimensionnement des colonnes ballastées », *Bulletin de liaison du Laboratoire des Ponts et Chaussées*, n° 135, 1985, p. 35-51.

Tokimatsu K. & Yoshiharu A., « Effects of Liquefaction-Induced Ground Displacements on Pile Performance in the 1995 Hyogoken-Nambu Earthquake », *Soils and Foundations* (Japanese Geotechnical Society), Special Issue, 2, 1998, 163-177.

Tokimatsu K., Mizuno H., Kakurai M., « Building Damage Associated with Geotechnical Problems », Special issue of *Soils and Foundations*, 172-192, sept. 1998, Japanese Geotechnical Society.

Tokimatsu K. & Seed H.B., « Evaluation of settlements in sand due to earthquake shaking », *Journal of Geotechnical Engineering*, 113(8), 1987, p. 681-878.

Topolnicki M., « In situ soil mixing, liquefaction mitigation », in *Ground Improvment*, 2nd edition, M.P. Moseley & K. Kirsch, 2004, p. 383.

UNCRD, Comprehensive study of Great Hanshin Earthquake, *United Nations Center for Regional Development (UNCRD) Research Report Series*, No. 12, 1995.

Viggiani & Atkinson, « Interpretation of Bender Element Tests », *Géotechnique*, vol. 45, n° 1, 1995, p. 149-154.

Vucetic & Dobr., « Effect of soil plasticity on cyclic response », *Journal of Geotechnical Engineering*, ASCE, 117(1), 1991, 89-107.

Wehr, « Stone Columns-single columns and group behaviour », *5th International Conference on Ground Improvement Techniques*, 22-23 March 2004, Kuala Lumpur, Malaysia.

Yasuda S., Ishihara K., Harada K. & Shinkawa N., « Effect of soil improvement on ground subsidence due to liquefaction », *Soils and Foundations*, Special Issue on Geotechnical Aspects of the January 17 1995 Hyogoken Nanbu Earthquake, Japanese Geotechnical Society, 1996, p. 99-107.

Youd, Idriss, Andrus, Arango, Castro, Christian, Dobry, Finn, Harder, Hynes, Ishihara, Koester, Liao, Marcuson, Martin, Mitchell, Moriwaki, Power, Robertson, Seed & Stokoe, « Liquefaction resistance of soils. Summary report from the 1996 NCEER and 1998 NCEER/NSF workshops on evaluation of liquefaction resistance of soils, *J. Geotech. and Geoenviron. Eng.*, ASCE, 127(10), 2001, 817-833.

Zhang X., Foray P., Gotteland Ph., Lambert S. & Alsaleh H., « Seismic performance of mixed module columns and rigid inclusions », *7th International Conference on Physical Modelling in Geotechnics*, July 2010,

Zou, Boley & Wehr, « On the Stress Dependent Contact Erosion in Vibro Stone Columns, » *Intern. Conf. on Scour and Erosion*, San Francisco, 2011, 241-250.

Textes réglementaires

NF EN 1990 (mars 2003)/Eurocodes structuraux : Bases de calcul des structures (indice de classement : P 06-100-1).

NF EN 1991/Eurocode 1 : Actions sur les structures.

NF EN 1992/Eurocode 2 : Calcul des structures en béton.

NF EN 1993/Eurocode 3 : Calcul des structures en acier.

NF EN 1994/Eurocode 4 : Calcul des structures mixtes acier-béton.

NF EN 1995/Eurocode 5 : Conception et calcul des structures en bois.

NF EN 1996/Eurocode 6 : Calcul des ouvrages en maçonnerie.

NF EN 1997-1 (juin 2005)/Eurocode 7 : Calcul géotechnique – Partie 1 : Règles générales (indice de classement : P 94-251-1).

NF EN 1997-1/NA (septembre 2006)/Eurocode 7 : Calcul géotechnique – Partie 1 : Règles générales – Annexe nationale à la NF EN 1997-1:2005 (indice de classement : P 94-251-1/NA).

NF EN 1997-2 (septembre 2007)/Eurocode 7 : Calcul géotechnique – Partie 2 : Reconnaissance des terrains et essais (indice de classement : P 94-252).

NF EN 1998-1/Eurocode 8 : Calcul des structures pour leur résistance aux séismes (indice de classement français : P 06-030-1).

NF EN 1998-5 (septembre 2005)/Eurocode 8 : Calcul des structures pour leur résistance aux séismes – Partie 5 : Fondations, ouvrages de soutènement et aspects géotechniques (indice de classement : P 06-035-1).

NF EN 1999/Eurocode 9 : Calcul des structures en aluminium.

NF P 06-014 (mars 1995) : Règles de construction parasismique – Construction parasismique des maisons individuelles et des bâtiments assimilés – Règles PS-MI 1989, révisées 1992 – Domaine d'application – Conception – Exécution (indice de classement : P 06-014).

NF P 94-270 (juillet 2009) : Calcul géotechnique – Ouvrages de soutènement – Remblais renforcés et massifs en sol cloué (indice de classement : P 94-270).

Annexes

A   Essais de sol

A.1   Essais de laboratoire

Les caractéristiques dynamiques des sols au laboratoire sont mesurées à l'heure actuelle principalement par la colonne résonante et l'essai triaxial cyclique.

Le module de cisaillement G déterminé par cette méthode est calculé à partir de la vitesse de propagation d'ondes en utilisant la formule :

$$G_{max} = \rho V_s{}^2$$

avec :

$$v = \frac{V_P^2 - 2V_S^2}{2\left(V_P^2 - V_S^2\right)}$$

v : coefficient de Poisson ;

V_S, V_P : vitesse de propagation des ondes de cisaillement et de compression ;

$$V_{P,S} = \frac{L}{\Delta t}$$

L : longueur de propagation des ondes ;

Δt : temps de propagation des ondes ;

ρ : masse volumique de l'éprouvette ou du sol.

Le module d'Young peut être également déterminé au moyen de l'expression :

$$E_{max} = 2(1+\upsilon)G_{max} = 2(1+\upsilon)\rho V_S^2$$

A.1.1   L'essai à la colonne résonnante

La résonance est le phénomène d'amplification de la vibration d'un sol lorsque la fréquence de l'impulsion périodique qui lui donne naissance est voisine de la fréquence naturelle du sol.

Le principe de l'essai consiste à mettre en vibration forcée une éprouvette et à augmenter la fréquence de la sollicitation jusqu'à la mise en résonance suivant le mode fondamental de vibration. Les vibrations appliquées peuvent être de nature longitudinale, transversale ou de torsion (Figure 1.45).

Les premiers essais à la colonne résonante réalisés sur des éprouvettes de sol remontent aux années 1930 lorsque Ishimito et Lida (1937) commencèrent à appliquer des vibrations longitudinales et transversales à des argiles et des limons non saturés. Toutefois, les colonnes résonantes connurent un nouvel essor à partir des années 1960, notamment avec l'oscillateur de Hardin (Hardin *et al.*, 1963 ; Hardin & Music, 1965). Depuis lors, les appareillages n'ont cessé de se perfectionner et ce type d'essai fait partie des essais classiques de laboratoire pratiqués dans de nombreux pays à forts risques sismiques.

L'éprouvette de sol de forme cylindrique est fixée à un support fixe qui possède une grande inertie et qui rend le mouvement nul (z = 0) à la base durant la vibration. À l'autre extrémité de cette éprouvette, des appareils attachés à elle permettent de produire l'excitation sinusoïdale et aussi de mesurer les amplitudes de vibrations. La sollicitation est appliquée par l'intermédiaire de bobines électromagnétiques. La fréquence du courant alternatif est ajustée de manière à obtenir la résonance de l'éprouvette. La connaissance de cette résonance permet la détermination du module de cisaillement et aussi le calcul de la distorsion de l'éprouvette.

Il est possible de mesurer les modules dynamiques du sol sous les sollicitations vibratoires décrites précédemment pour des amplitudes inférieures à 10^{-4}. Le sol reste dans un domaine élastique et l'essai est non destructif, ce qui autorise la réalisation sur la même éprouvette de plusieurs essais en changeant les conditions ambiantes (température, contrainte).

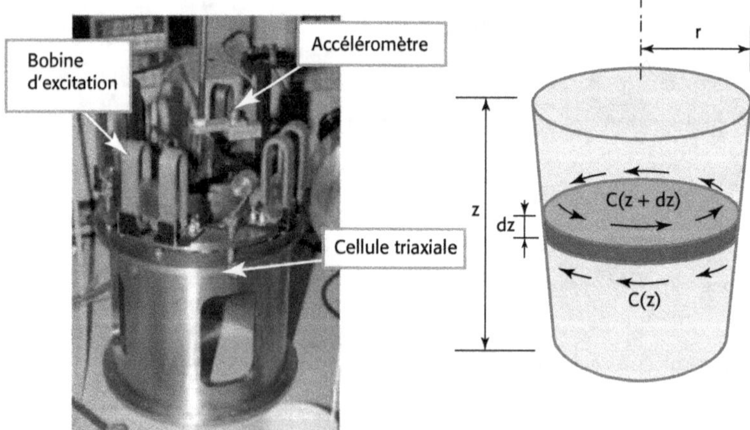

Figure A.1

La sollicitation des éprouvettes peut être en torsion ou en flexion selon le mode d'alimentation des bobines comme montré sur la figure A.1 (Hardin *et al.*, 1963). Il est en effet possible d'alimenter les quatre bobines simultanément ou seulement deux placées sur le même diamètre. L'essai à la colonne résonante en torsion consiste le module de cisaillement G, et en flexion à déterminer le module d'Young.

Le module de cisaillement G est calculé par la formule [1.64]. Par contre, la vitesse V_s de cisaillement, est déterminée par :

$$V_S = \frac{2\pi fL}{\beta}$$

f : fréquence de résonance ;

β : coefficient, qui dépend du moment d'inertie de l'éprouvette et du système de mise en résonance, déterminé par :

$$\frac{I}{I_0} = \beta \tan(\beta)$$

avec :

Io : moment d'inertie d'étalonnage, dépendant du système. Il se calcule par étalonnage à l'aide d'éprouvettes en aluminium de différentes inerties et de masses additionnelles à placer sur le chapeau. Il est égal à 0,0039844 pour le système utilisé au LCPC ;

I : moment d'inertie de l'éprouvette ;

L : hauteur de l'éprouvette ;

D : diamètre de l'éprouvette.

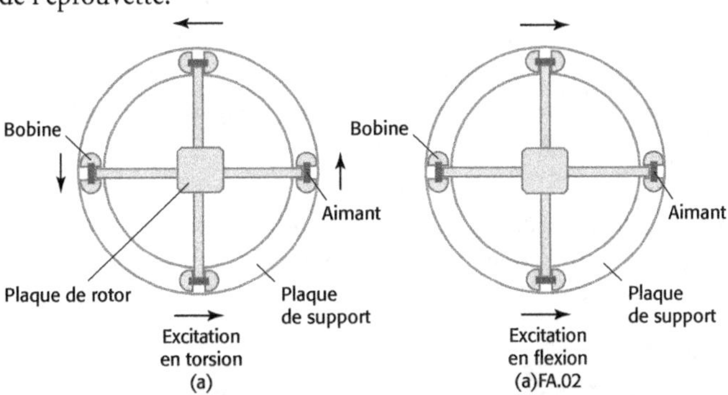

Figure A.2 Mode de sollicitation d'un essai à la colonne résonante

La méthode est pratiquée depuis quarante ans, mais il y a eu des améliorations importantes apportées à la méthodologie et à l'instrumentation ces dernières années.

L'essai consiste à placer un échantillon cylindrique (plein ou creux) du sol dans une cellule triaxiale, et à mettre l'échantillon en vibration (longitudinale ou de torsion) à une fréquence donnée.

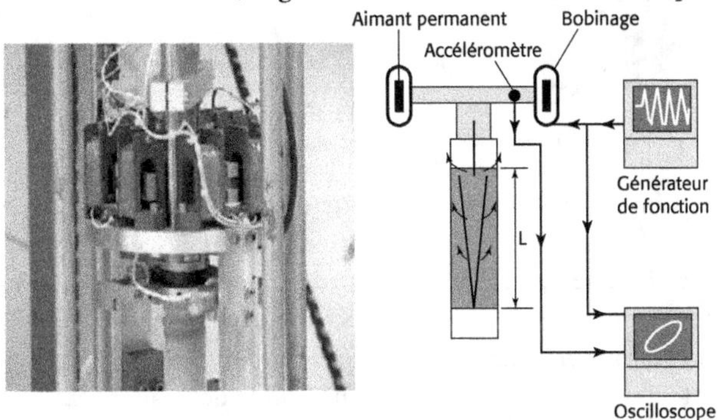

Figure A.3 Essai à la colonne résonnante (Serratrice, 2009, Géotechnique et parasismique)

La fréquence de vibration est ajustée jusqu'à l'obtention de la résonance de l'échantillon. Cette fréquence, la géométrie de l'échantillon et les conditions de son installation dans la cellule fournissent l'information nécessaire pour calculer la vitesse de propagation, V_S dans le sol, et donc G.

Les essais à la colonne résonante peuvent être conduits pour des déformations comprises entre 10^{-6} et $5\ 10^{-4}$.

Pour des déformations inférieures à 10^{-4} la plupart des sols peuvent être considérés comme élastiques et l'essai est alors non destructif : il est possible de réaliser plusieurs essais sur la même éprouvette avec des conditions aux limites différentes (Pecker 2004).

Les différentes versatilités de l'essai triaxial sont conservées (consolidation, drainage ou non drainage, chemin de contrainte…).

L'essai à la colonne résonnante fournit donc les courbes $G(\gamma)$ et $D(\gamma)$ à partir des fréquences de vibration et du décrément logarithmique lors de l'arrêt de la vibration.

A.1.2   Éléments piézo-éléctriques ou *bender elements*

La méthode des *bender elements*, développée à la fin des années 1970, est largement utilisée depuis ces dernières années avec un essor considérable en géotechnique expérimentale.

L'essai avec des *bender elements* peut être associé à un grand nombre d'essais de laboratoire tels que : l'essai triaxial, l'essai de cisaillement, de torsion, l'essai sur cylindre creux, etc., pour évaluer le module de déformation élastique (Dyvik et Madshus, 1985 ; Lohani *et al.*, 1999 ; Dano, 2001 ; Sharifipour, 2006).

L'équipement est constitué d'éléments piézo-électriques qui permettent de suivre l'évolution des déformations des sols pour de très faibles amplitudes. La partie active des capteurs, d'une longueur de 10 mm et d'une largeur de 1 mm environ, pénètre dans l'éprouvette sur une profondeur de 2,5 mm (Figure A.4).

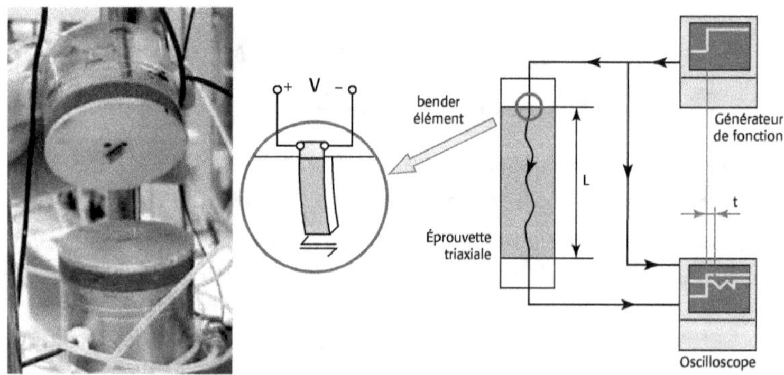

Figure A.4 Schéma de l'essai par éléments piézo-électriques

Ils fonctionnent toujours par deux : un émetteur et un récepteur. Les matériaux piézo-électriques présentent la particularité de transformer l'énergie électrique en énergie de déformation élastique, et inversement. Lorsque le capteur émetteur est soumis à une tension électrique, de forme carrée ou sinusoïdale et de fréquence réglable, l'impulsion génère les vibrations tangentielles ou longitudinales des lamelles constituant le capteur. Ces vibrations se propagent dans l'échantillon sous la forme d'une onde de cisaillement ou de compression. Parvenues sur le récepteur, elles se traduisent par l'apparition d'un courant électrique. Le signal est amplifié avant d'être recueilli sur un oscilloscope ou une carte d'acquisition placée dans un ordinateur pour être finalement comparé au signal d'entrée. La détermination du module de cisaillement Gmax ou du module Young Emax est faite à partir du temps de parcours et de la distance de propagation des ondes dans l'éprouvette. Plusieurs travaux de recherche montrent que le temps de traversée Δt peut être assimilé à l'intervalle entre les pics S et D de l'impulsion d'entrée et de l'implusion de sortie (Viggiani & Atkinson, 1995 ; Lohani *et al.*, 1999 ; Kawaguchi *et al.*, 2001 ; Sharifipour, 2006). Un exemple de l'expérimentation de Kawaguchi (2001) sur deux éprouvettes de hauteurs différentes aide à prouver le pertinence de cette méthode de détermination du temps de parcours.

L'essai de transmission d'ondes par éléments piézo-électriques est assez simple à réaliser. Par contre le résultat dépend beaucoup de sa mise en œuvre, de la façon de déterminer le temps de parcours, de la hauteur de propagation, et de la densité de l'éprouvette. Les résultats obtenus sont parfois très aléatoires.

Les essais triaxiaux cycliques sont nécessaires pour mesurer la courbe de dégradation du module (G/G_{max}) et l'amortissement en fonction de la déformation de cisaillement.

Ces essais sont effectués sur des éprouvettes reconsolidées en laboratoire et cisaillées en conditions non drainées à des fréquences variant de 0,1 à quelques hertz.

Figure A.5 Essai au triaxial cyclique (d'après Fugro)

Pour appréhender des déformations de 10^{-6} à 10^{-4}, les mesures sont effectuées par des capteurs permettant de mesurer la déformation dans le tiers central de l'échantillon. On s'affranchit alors des problèmes de mise en place, etc. (Goto, Tatsuoka, Lo Presti, Hicher…).

Les mesures obtenues permettent alors de définir la courbe de dégradation du module pour des déformations allant de 10^{-6} à 10^{-3} dans des triaxiaux dits de « précision ».

Ces mesures peuvent être associées à des cycles pour définir l'amortissement et obtenir les courbes de module de cisaillement en fonction de la distorsion $G(\gamma)$ et de facteur d'amortissement en fonction de la distorsion $D(\gamma)$ où γ est la distorsion.

La comparaison entre résultats obtenus à la colonne de résonance ou par des essais triaxiaux cycliques quasi-statiques sont concordants : de nombreux essais ont montré que, dans la même gamme de déformation, le mode de chargement n'influait pas sur les paramètres mécaniques mesurés.

Enfin, les « bender elements » créent une onde de cisaillement au travers d'un échantillon triaxial et la mesure du temps de parcours permet de calculer la vitesse des ondes de cisaillement, donc le module de cisaillement.

A.2   Essais de sols à partir de la surface

A.2.1   Méthode SASW (Spectral Analysis of Surface Waves)

L'onde de surface est générée par une source qui peut être la chute d'une masse ou l'emploi d'un explosif. Cette onde, qui représente près des 2/3 de l'énergie en surface,est enregistrée par un réseau des géophones en surface. Le mouvement particulaire est ellipsoïdal dans le plan vertical. L'onde de surface est plus lente que l'onde de compression ou de cisaillement (Figure 1.47).

L'étude de la propagation des ondes de surface permet de remonter à un profil de vitesse de cisaillement. En effet, leur profondeur de pénétration est de l'ordre de la longueur d'onde. Les petites longueurs se propagent dans la zone superficielle tandis que les grandes longueurs d'ondes pénètrent dans les terrains plus profondément. Il en résulte une variation de la vitesse de propagation en fonction de la fréquence des ondes émises.

La vitesse de propagation de l'onde qui représente l'inverse de la pente des droites, est obtenue en rapportant le temps de parcours de l'onde, entre le point d'émission et le point de l'impact qui génère des ondes de Rayleigh dont la célérité est reliée à la vitesse V_s. Aucun forage n'est nécessaire mais la profondeur d'investigation est limitée par l'énergie transmise par l'impact. Il n'y a pas de contrôle des fréquences transmises.

Plusieurs impacts sont effectués en faisant varier la distance entre les deux géophones. Cette méthode nécessite après l'acquisition sur le terrain, l'emploi de techniques d'inversion permettant de comparer la courbe de dispersion obtenue avec un modèle d'analyse inverse.

À partir d'un modèle multicouche, on compare le résultat théorique à l'expérimental. Ce modèle suppose le sol élastique linéaire isotrope, avec un coefficient de Poisson constant. L'homogénéité des couches est supposée. La vitesse des ondes de Rayleigh est proportionnelle à la vitesse des ondes de cisaillement Vs et le profil de vitesse peut ainsi être réception en fonction de la distance à la surface (Athanasopoulos & Pelekis, 1997 ; Tokimatsu et al 1991).

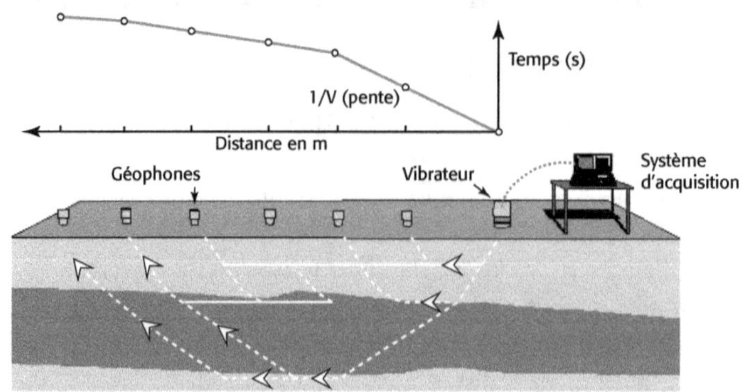

Figure A.6 Schéma de la méthode SASW

A.2.2   Méthode MASW

Dans cette méthode MASW (*Multiple channel Analysis of Surface Waves*), l'emploi d'une « flûte » de 12, 24 ou 48 géophones permet une acquisition simultanée des signaux arrivants.

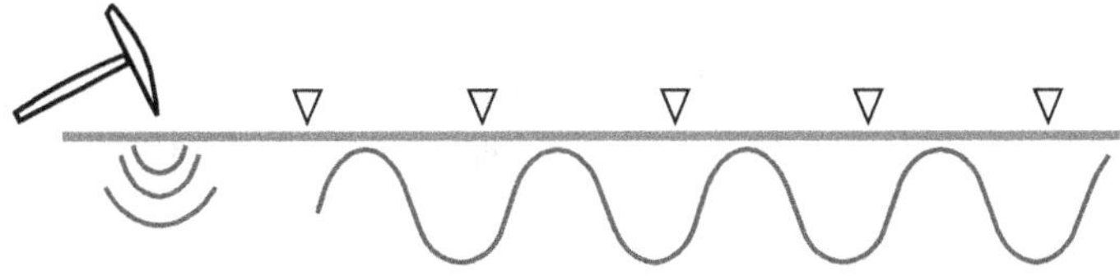

Figure A.7 Schéma de la méthode MASW (Foray & Flavigny 2009)

On simplifie ainsi le traitement d'inversion en augmentant aussi la qualité des profils de vitesse. Cette méthode est actuellement beaucoup plus employée que la méthode SASW dont elle est issue.

A.2.3   Mesure de bruit de fond

Les mesures de bruit de fond se servent les vibrations ambiantes comme source et de stations accélérométriques.

La méthode consiste à estimer depuis la surface du sol, la valeur F_0 de la première fréquence propre du sol en effectuant le rapport des deux composantes horizontales sur la composante verticale des amplitudes spectrales du bruit sismique enregistré.

Pour un milieu mono dimensionnel avec une couche d'épaisseur H et une vitesse d'ondes de cisaillement V_s surmontant un substratum sismique, la fréquence F_0 s'exprime ainsi : $F_0 = V_s / 4H$.

Si l'on connaît la hauteur H du substratum sismique, on peut en déduire la vitesse moyenne des ondes de cisaillement V_s.

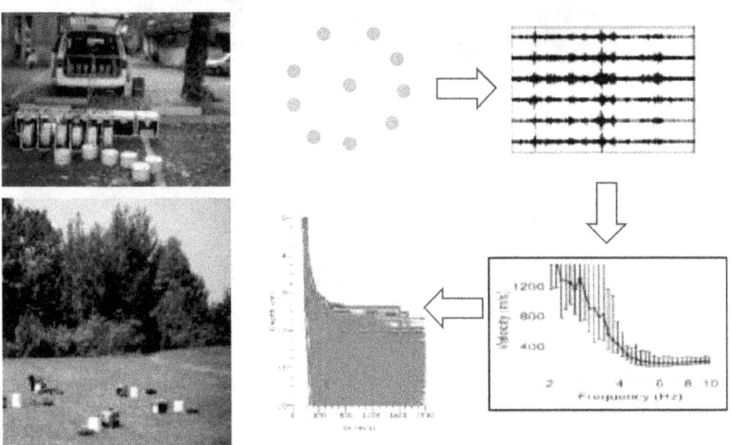

Figure A.8 Principe de mesure de bruit de fond (Cornou & Wathelet, 2009)

A.3 Essais de sols en forages ou in situ

A.3.1 Méthode *down-hole*

Dans la méthode *down-hole*, aussi appelée PSV (Profil Sismique Vertical), la mesure des vitesses de propagation d'ondes est faite le long d'un forage. L'émission du signal a lieu à la surface du sol et la réception se fait à l'aide de capteurs placés dans le forage. Il s'agit alors de procéder à l'émission avec une source d'énergie (frappe d'un massif par exemple) qui donne naissance à une forte proportion d'ondes de cisaillement (Figure A.9).

Les récepteurs sont mis dans le forage à différents niveaux.

Chaque récepteur enregistre, à sa profondeur, les temps d'arrivée des ondes primaires et secondaires. Les valeurs obtenues dans cet essai correspondent aux caractéristiques du terrain au voisinage du forage pour une direction verticale de propagation d'onde.

Théoriquement, avec un espacement suffisamment resserré des récepteurs, il est possible de détecter des couches de plus faibles caractéristiques, même si celles-ci sont incluses entre deux couches plus résistantes.

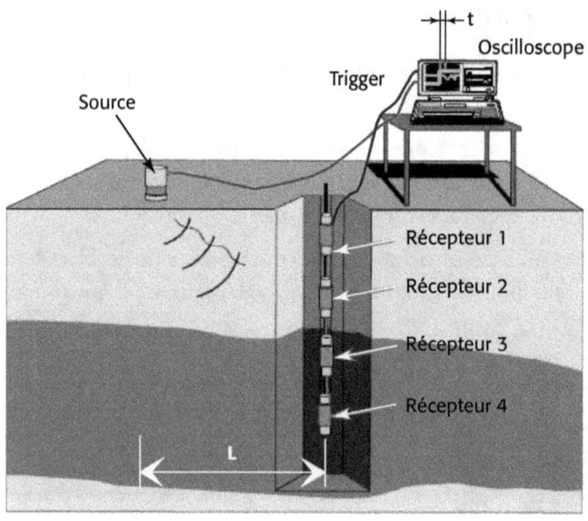

Figure A.9 Schéma de la méthode *down-hole*

A.3.2 Méthode *cross-hole*

La mesure de la vitesse de propagation de l'onde se fait entre un forage d'émission et au moins deux forages de réception parallèles.

Les forages dits « forages d'écoute » sont réalisés à l'avance. Le forage dit « forage d'émission » est réalisé au fur et à mesure des essais. À une profondeur h dans le forage d'émission, une impulsion transmise au sol par le train de tiges génère une onde dont on mesure les temps de propagation entre les forages d'écoute pour des points situés à la même profondeur.

Certaines dispositions technologiques permettent de favoriser la génération des ondes de cisaillement plutôt que des ondes de compression.

Cette méthode permet d'avoir, en fonction de la profondeur, une valeur moyenne des caractéristiques dynamiques du sol. La mise en place de forages d'écoute dans plusieurs directions permet de détecter une anisotropie en plan.

Ces essais peuvent être la source d'erreurs multiples :

* erreurs de distances entre forages dues à la non verticalité des forages (celle-ci doit être mesurée par inclinométrie) ;
* réfraction des ondes due à la présence de couches plus dures au voisinage de la zone d'essais ;
* difficultés de détermination du temps d'arrivée de l'onde.

L'essai *cross-hole* est actuellement le plus couramment utilisé, préférentiellement aux *up-hole* et *down-hole*.

Le principe de la méthode *cross-hole* est de mesurer la vitesse des ondes sismiques entre forages (deux ou trois forages), de manière à accéder aux caractéristiques du massif à une profondeur donnée.

Une source, générant des ondes de cisaillement de forte énergie, à propagation horizontale et à polarisation verticale, est placée dans un forage à une profondeur déterminée.

Des sondes de réception, équipées de trois géophones orientés dans les trois directions (une verticale et deux horizontales), sont placées dans les autres forages voisins à la même profondeur. La géométrie des forages doit être très précisément déterminée par des relevés topographiques et inclinométriques.

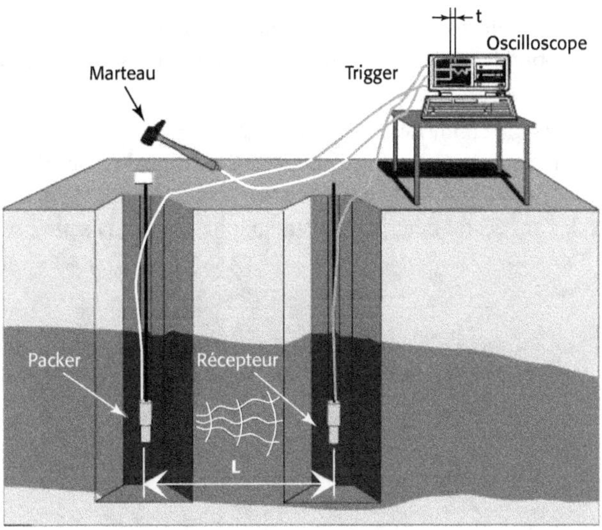

Figure A.10 Schéma de la méthode *cross-hole*

A.3.3   Méthodes soniques couplées à des essais de pénétration : le sismocône

Le sismocône est l'intégration d'un ou de plusieurs accéléromètres à l'arrière de la pointe d'un pénétromètre CPT ou CPTU.

Lors des changements de tige, ou tous les 50 cm, le fonçage est arrêté et un impact en surface permet de mesurer le temps de vol d'une onde de cisaillement entre la surface et la pointe du pénétromètre pour en déduire la vitesse V_s.

Avec une estimation de la masse volumique, on peut alors remonter au module de cisaillement G_{max}.

Un exemple (Fugro) est donné ci-dessous :

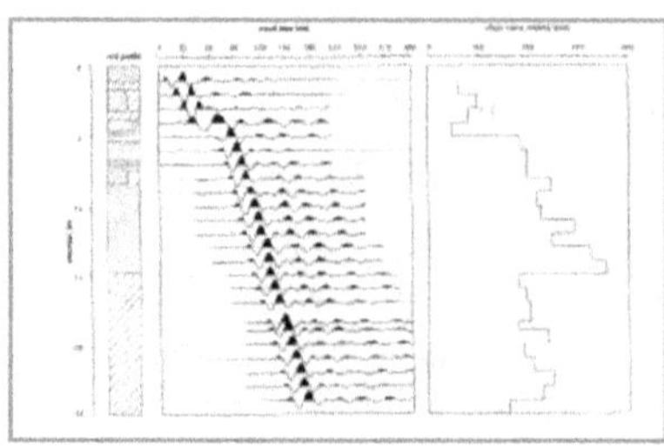

Figure A.11 Type de graphique obtenu (d'après Fugro)

L'avantage du sismocône est d'être couplé à un pénétromètre CPT ou CPTU et de fournir ainsi un profil de sol ainsi qu'une identification des sols rencontrés.

L'essai au sismo cône est la combinaison d'un essai de pénétration au cône et d'un essai downhole (Figure A.12). Il n'est pas nécessaire de réaliser un forage préalable.

En plus des mesures ponctuelles de modules de déformation par les essais sismiques, l'essai au sismocône permet d'obtenir un profil continu de résistance du sol par l'essai de pénétration au cône (Mayne, 2001).

L'essai consiste à générer une onde de cisaillement et à enregistrer au moyen d'un sismographe les signaux des géophones. Le générateur d'ondes est constitué d'une enclume métallique sur laquelle un opérateur frappe avec un marteau. Ce dernier est équipé d'un système permettant le déclenchement de l'enregistrement par le sismographe dès que la source est activée.

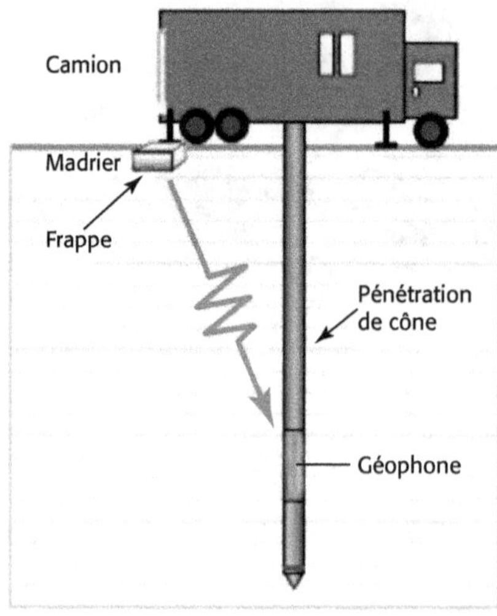

Figure A.12 Schéma du sismocône (Foray & Flavigny, 2009)

A.3.4 Le dilatomètre Marchetti (DMTS)

Le dilatomètre plat Marchetti (DMT) (Figure A.13) est un outil relativement simple pour faire des essais *in situ*. Il a été développé en Italie et puis utilisé en Europe et en Amérique du Nord (Marchetti, 1980 ; Baldi *et al.*, 1986 ; Schmertmann, 1986). Le dilatomètre standard de Marchetti est une lame avec un tranchant aux dimensions de 14 mm d'épaisseur, 96 mm de largeur et 220 mm de hauteur.

Sur la surface se trouve une membrane métallique d'une épaisseur de 0,2 mm et de 60 mm de diamètre recouvrant une chambre de pression et un capteur de déplacement.

La sonde est insérée dans le sol grâce à un train de tige creux.

La lame est connectée à une unité de contrôle avec un flexible pneumatique - électrique qui transmet pression et courant électrique. Un réservoir de gaz comprimé (azote), connecté à l'unité de contrôle, fournit la pression nécessaire pour dilater la membrane. L'unité de contrôle est équipée d'un régulateur de pression, d'indicateurs de pression, d'un signal sonore et de vannes.

L'essai DMT peut être effectué dans une grande variété de sols : des sols extrêmement mous à des sols raides, et des roches tendres. Le DMT est utilisable dans les argiles et dans les sables dont les grains sont petits par comparaison avec le diamètre de la membrane (60 mm).

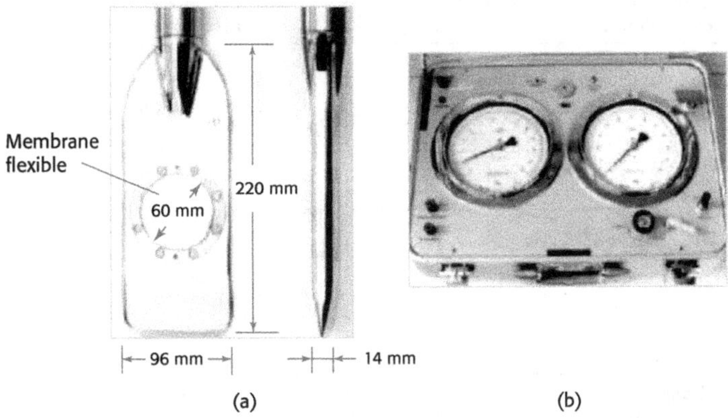

Figure A. 13 Schéma du dilatomètre Marchetti

Le dilatomètre Marchetti permet la mesure d'une réaction latérale du sol lors du gonflement d'une membrane.

L'adjonction, comme dans le sismocône, de deux accéléromètres distants de 50 cm permet de mesurer la V_s par la différence de temps de parcours entre les deux accéléromètres et d'obtenir ainsi un profil de V_s avec la profondeur.

B Différents paramètres pour la définition du mouvement du sol

Classes de sol

Le tableau suivant reprend le tableau 3.1 du paragraphe 3.1.2 de l'EN 1998-1 en le complétant par des ordres de grandeur des valeurs de q_c obtenues à partir de corrélations q_c-c_u pour les matériaux argileux et des corrélations entre q_c et NSPT pour les sables. En effet, l'EN

1998-5 [§ 4.2.1 (2)] recommande d'inclure des essais de pénétration au cône (CPT ou CPTU) dans les programmes de reconnaissance. Et l'usage français d'utilisation du pressio-mètre Ménard en reconnaissance de sol peut conduire à utiliser les ordres de grandeur permettant d'estimer la classe de sol.

	Description d†u profil stratigraphique	Paramètres			Ordre de grandeur		
		$V_{s/30}$ (m/s)	N_{SPT}	C_u (kPa)	q_c MPa	E_M MPa	p_l MPa
A	Rocher ou autre formation géologique de ce type comportant une couche superficielle d'au plus 5 m de matériau moins résistant.	> 800	–	–		> 300	> 13
B	Dépôts raides de sables, de graviers ou d'argiles sur-consolidées, d'au moins plusieurs dizaines de mètres d'épaisseur, caractérisés par une augmentation progressive des propriétés mécaniques avec la profondeur.	360 - 800	> 50	> 250	> 3.5 (argile) > 20 (sables)		2,7
C	Dépôts profonds de sables de densité moyenne, de graviers ou d'argiles moyennement raides ayant des épaisseurs de quelques dizaines à quelques centaines de mètres.	180 - 360	15 - 50	70 - 250	De 1 à 3.5 (argile) De 6 à 20 (sables)		0.7
D	Dépôts de sol sans cohésion de densité faible à moyenne (avec ou sans couches cohé-rentes molles) ou compre-nant une majorité de sols cohérents mous à fermes.	< 180	< 15	< 70	< 1 (argile) < 6 (sables)	< 5	< 0.5
E	Profil de sol comprenant une couche superficielle d'allu-vions avec des valeurs de V_s de classe C ou D et une épaisseur comprise entre 5 m environ et 20 m, reposant sur un matériau plus raide avec V_s > 800 m/s						
S1	Dépôts composés, ou conte-nant, une couche d'au moins 10 m d'épaisseur d'argiles molles/vases avec un indice de plasticité élevé (IP > 40) et une teneur en eau impor-tante.	< 100		10 - 20	< 0.3 (argile)		< 0,3
S2	Dépôts de sols liquéfiables d'argiles sensibles ou tout autre profil de sol non compris dans les classes A à E ou S1						

Tableau B.1 Guide pour la conception parasismique des bâtiments en acier ou béton selon l'EC8, ISE et AFPS, oct. 2010

Il convient de classer le site selon la valeur moyenne de la vitesse des ondes de cisaillement $V_{s,30}$ si elle est disponible. Dans le cas contraire, il convient d'utiliser les ordres de grandeur des valeurs des N_{SPT}, de C_u, P_l ou de q_c moyennés harmoniquement sur les 30 m supérieurs (§ 4.4.1).

Les ordres de grandeurs annoncés doivent être représentatifs de la stratigraphie du sol sur plusieurs dizaines ou centaines de mètre (30 m minimum).

Il convient **[EC8-5 / § 3.1.2. (3)]** de calculer la vitesse moyenne des ondes de cisaillement, $V_{s,30}$, conformément à l'expression suivante :

$$V_{S,30} = \frac{30}{\sum\limits_{i=1,N} \frac{h_i}{v_i}}$$

expression dans laquelle h_i et v_i désignent l'épaisseur (en mètres) et la célérité des ondes de cisaillement (à un niveau de distorsion inférieur ou égal à 10^{-5}) de la *i*-ème formation ou couche, sur un total de N existant sur les 30 m supérieurs.

Extraits de l'arrêté du 22 octobre 2010 et de l'arrêté du 19 juillet 2011 modifiant l'arrêté du 22 octobre 2010 relatif à la classification et aux règles de construction parasismique applicables aux bâtiments de la classe dite « à risque normal »

Les bâtiments sont classés comme suit :

En catégorie d'importance I :

Les bâtiments dans lesquels est exclue toute activité humaine nécessitant un séjour de longue durée et non visés par les autres catégories du présent article.

En catégorie d'importance II :

- les bâtiments d'habitation individuelle ;
- les établissements recevant du public des 4ᵉ et 5ᵉ catégories au sens des articles R. 123-2 et R. 123-19 du code de la construction et de l'habitation, à l'exception des établissements scolaires ;
- les bâtiments dont la hauteur est inférieure ou égale à 28 mètres :
    - bâtiments d'habitation collective ;
    - bâtiments à usage commercial ou de bureaux, non classés établissements recevant du public au sens de l'article R. 123-2 du code de la construction et de l'habitation, pouvant accueillir simultanément un nombre de personnes au plus égal à 300 ;
- les bâtiments destinés à l'exercice d'une activité industrielle pouvant accueillir simultané-ment un nombre de personnes au plus égal à 300 ;
- les bâtiments abritant les parcs de stationnement ouverts au public.

En catégorie d'importance III :

- les établissements scolaires ;
- les établissements recevant du public des 1re, 2e et 3e catégories au sens des articles R. 123-2 et R. 123-19 du code de la construction et de l'habitation ;
- les bâtiments dont la hauteur dépasse 28 mètres :
    - bâtiments d'habitation collective,
    - bâtiments à usage de bureaux ;
- les autres bâtiments pouvant accueillir simultanément plus de 300 personnes appartenant notamment aux types suivants :
    - les bâtiments à usage commercial ou de bureaux, non classés établissements recevant du public au sens de l'article R. 123-2 du code de la construction et de l'habitation ;

- les bâtiments destinés à l'exercice d'une activité industrielle ;
- les bâtiments des établissements sanitaires et sociaux, à l'exception de ceux des établissements de santé au sens de l'article L. 711-2 du code de la santé publique qui dispensent des soins de courte durée ou concernant des affections graves pendant leur phase aiguë en médecine, chirurgie et obstétrique et qui sont mentionnés à la catégorie d'importance IV ci-dessous ;
- les bâtiments des centres de production collective d'énergie quelle que soit leur capacité d'accueil.

En catégorie d'importance IV :

- les bâtiments dont la protection est primordiale pour les besoins de la Sécurité civile et de la Défense nationale ainsi que pour le maintien de l'ordre public et comprenant notamment :
  - les bâtiments abritant les moyens de secours en personnels et matériels et présentant un caractère opérationnel ;
  - les bâtiments définis par le ministre chargé de la Défense, abritant le personnel et le matériel de la Défense et présentant un caractère opérationnel ;
- les bâtiments contribuant au maintien des communications, et comprenant notamment ceux :
  - des centres principaux vitaux des réseaux de télécommunications ouverts au public,
  - des centres de diffusion et de réception de l'information,
  - des tours hertziennes stratégiques ;
- les bâtiments et toutes leurs dépendances fonctionnelles assurant le contrôle de la circulation aérienne des aérodromes classés dans les catégories A, B et C2 suivant les instructions techniques pour les aérodromes civils (ITAC) édictées par la direction générale de l'Aviation civile, dénommées respectivement 4 C, 4 D et 4 E suivant l'Organisation de l'aviation civile internationale (OACI) ;
- les bâtiments des établissements de santé au sens de l'article L. 711-2 du code de la santé publique qui dispensent des soins de courte durée ou concernant des affections graves pendant leur phase aiguë en médecine, chirurgie et obstétrique ;
- les bâtiments de production ou de stockage d'eau potable ;
- les bâtiments des centres de distribution publique de l'énergie ;
- les bâtiments des centres météorologiques.

Coefficient d'importance du bâtiment

Un coefficient d'importance γ_1 (au sens de la norme NF EN 1998-1 de septembre 2005) est attribué à chacune des catégories d'importance de bâtiment. Les valeurs des coefficients d'importance γ_1 sont données par le tableau suivant :

Catégories d'importance de bâtiment	Coefficients d'importance γ_1
I	0,8
II	1
III	1,2
IV	1,4

Les valeurs des accelérations a_{gr}, exprimées en mètres par seconde au carré, sont données par le tableau suivant :

ZONES DE SISMICITÉ	a_{gr}
1 (très faible)	0,4
2 (faible)	0,7
3 (modérée)	1,1
4 (moyenne)	1,6
5 (forte)	3

c) Les paramètres des spectres de réponse élastiques verticaux à employer pour l'utilisation de la norme NF EN 1998-1 septembre 2005 :

ZONE DE SISMICITÉ	A_{vg}/A_g	T_B	T_C	T_D
1 (très faible) à 4 (moyenne)	0,9	0,03	0,20	2,5
5 (forte)	0,8	0,15	0,40	2

d) La nature du sol par l'intermédiaire du paramètre de sol, S. Les valeurs du paramètre de sol, S resultant de la classe de sol (au sens de la norme NF EN 1998-1 septembre 2005) sous le bâtiment sont données par le tableau suivant :

CLASSES DE SOL	S (pour les zones de sismicité 1 à 4)	S (pour la zone de sismicité 5)
A	1	1
B	1,35	1,2
C	1,5	1,15
D	1,6	1,35
E	1,8	1,4

e) T_B et T_C, qui sont respectivement la limite inférieure et supérieure des périodes correspondant au palier d'accélération spectral constant et T_D qui est la valeur définissant le début de la branche à déplacement spectral constant :

Les valeurs de T_B, T_C et T_D, à prendre en compte pour l'évaluation des composantes horizontales du mouvement sismique, exprimées en secondes sont données par le tableau suivant :

CLASSES DE SOL	POUR LES ZONES DE SISMICITÉ 1 à 4			POUR LA ZONE DE SISMICITÉ 5		
	T_B	T_C	T_D	T_B	T_C	T_D
A	0,03	0,2	2,5	0,15	0,4	2
B	0,05	0,25	2,5	0,15	0,5	2
C	0,06	0,4	2	0,2	0,6	2
D	0,1	0,6	1,5	0,2	0,8	2
E	0,08	0,45	1,25	0,15	0,5	2

f) Dans la cadre de l'analyse de la liquéfaction, telle que définie dans l'annexe B de la norme NF EN 1998-5 septembre 2005, dite « règles Eurocode 8 », par convention, la magnitude à retenir pour les études est donnée par :

ZONES DE SISMICITÉ	MAGNITUDE CONVENTIONNELLE
3 (modérée)	5,5
4 (moyenne)	6,0
5 (forte)	7,5

C   Pieux circulaires en flexion composée

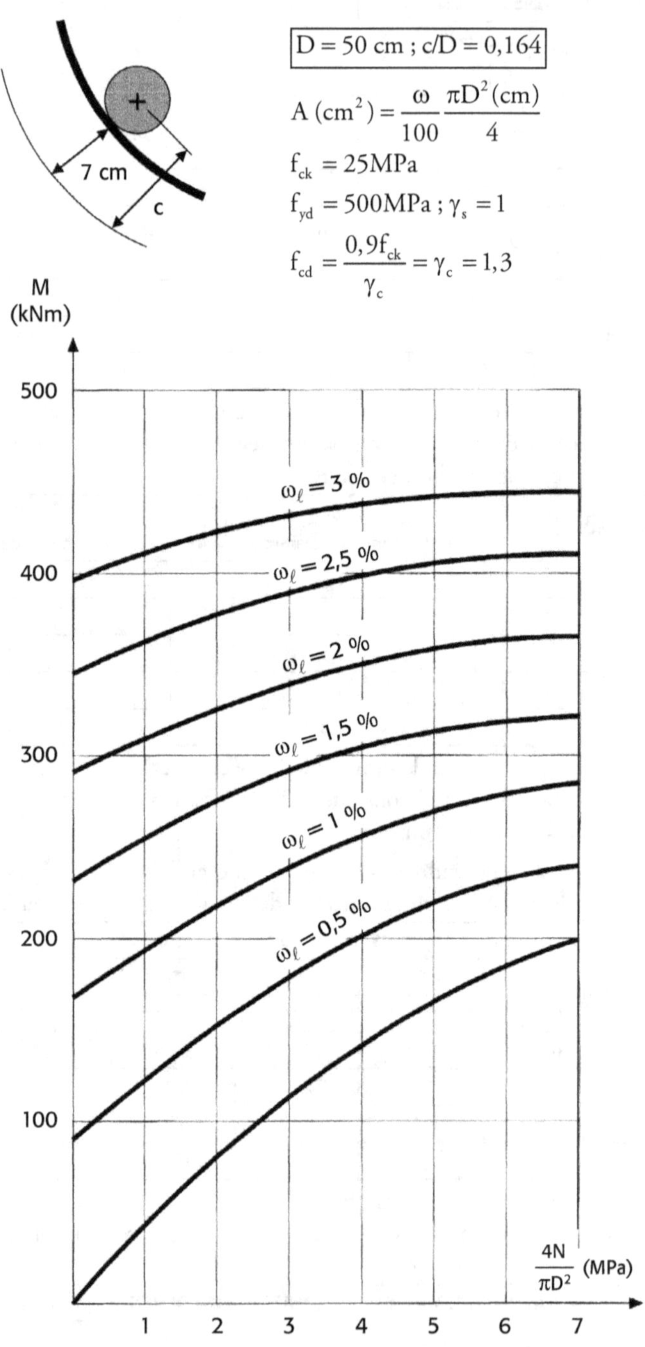

Abaque C.1 Calcul des pieux en flexion composée D = 50 cm

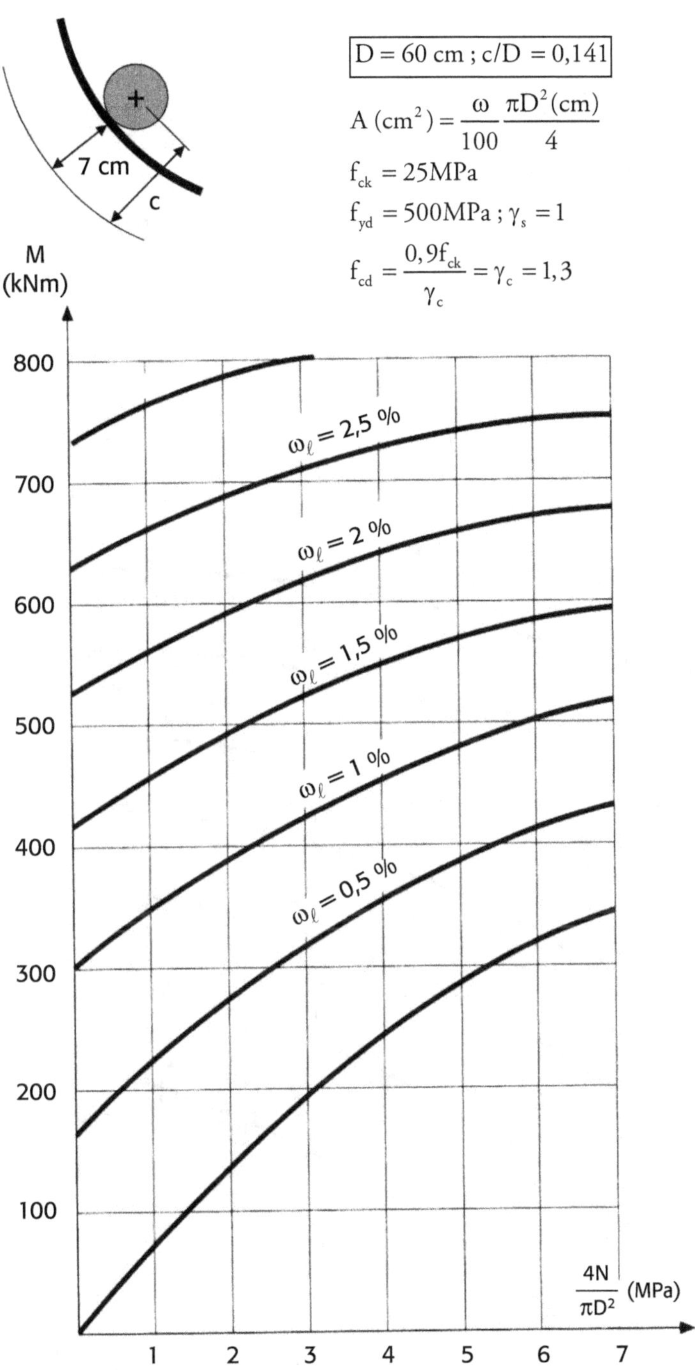

Abaque C.2 Calcul des pieux en flexion composée D = 60 cm

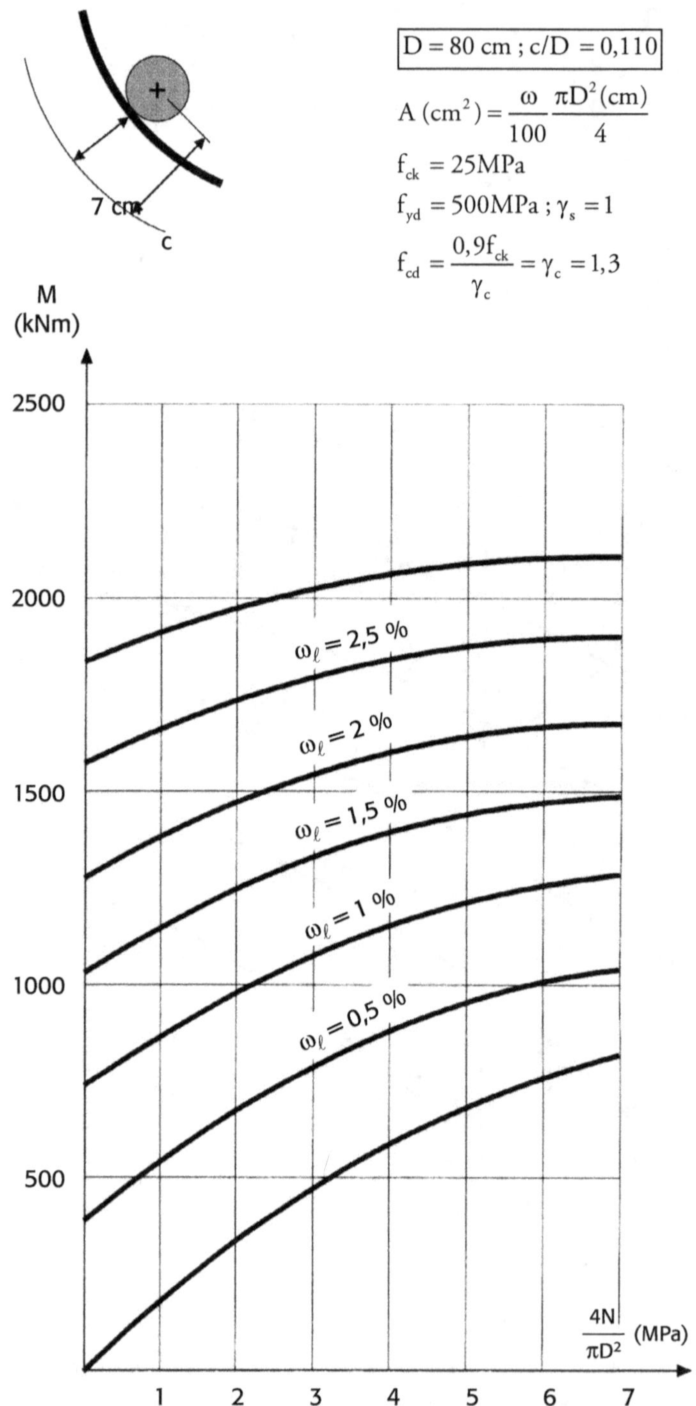

$$A\,(\text{cm}^2) = \frac{\omega}{100}\,\frac{\pi D^2\,(\text{cm})}{4}$$
$$f_{ck} = 25\,\text{MPa}$$
$$f_{yd} = 500\,\text{MPa} \; ; \; \gamma_s = 1$$
$$f_{cd} = \frac{0,9 f_{ck}}{\gamma_c} = \gamma_c = 1,3$$
$$\frac{4N}{\pi D^2}\ (\text{MPa})$$

Abaque C.3 Calcul des pieux en flexion composée D = 80 cm

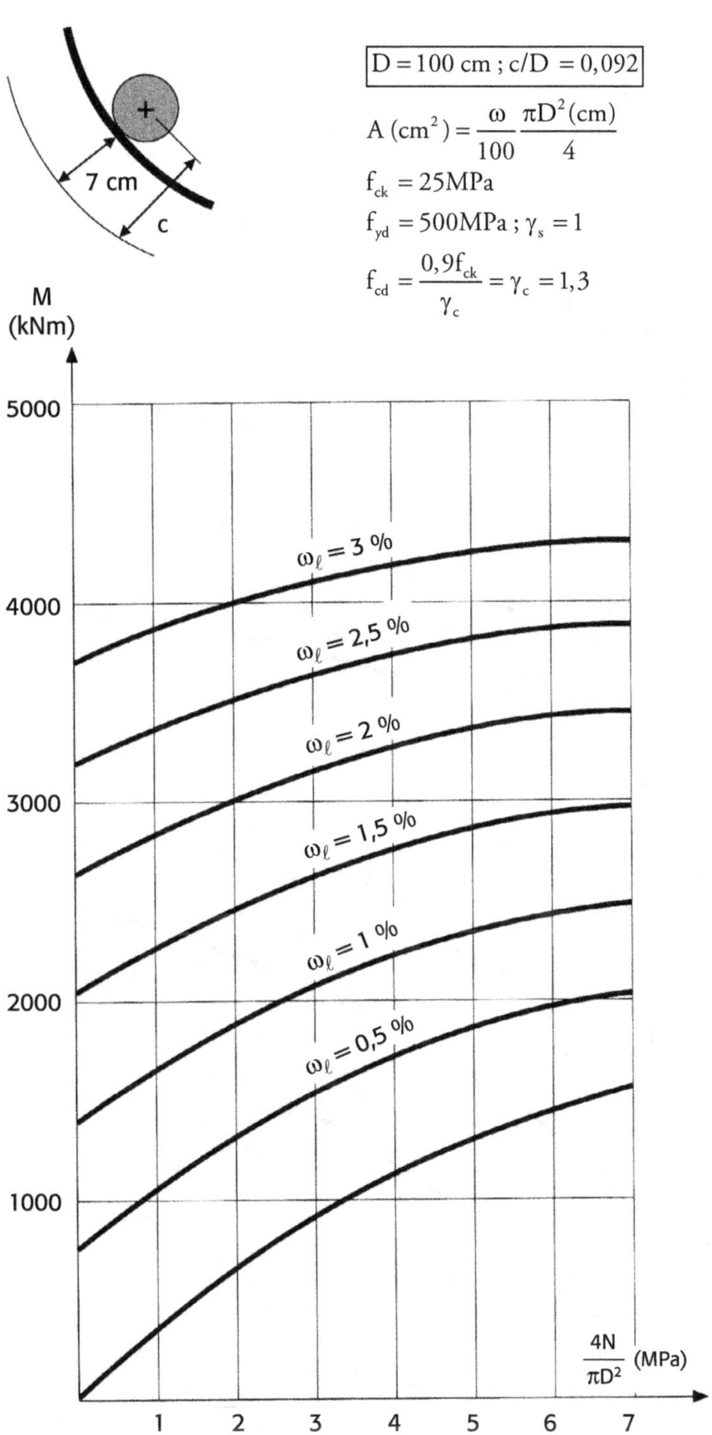

Abaque C.4 Calcul des pieux en flexion composée D = 100 cm

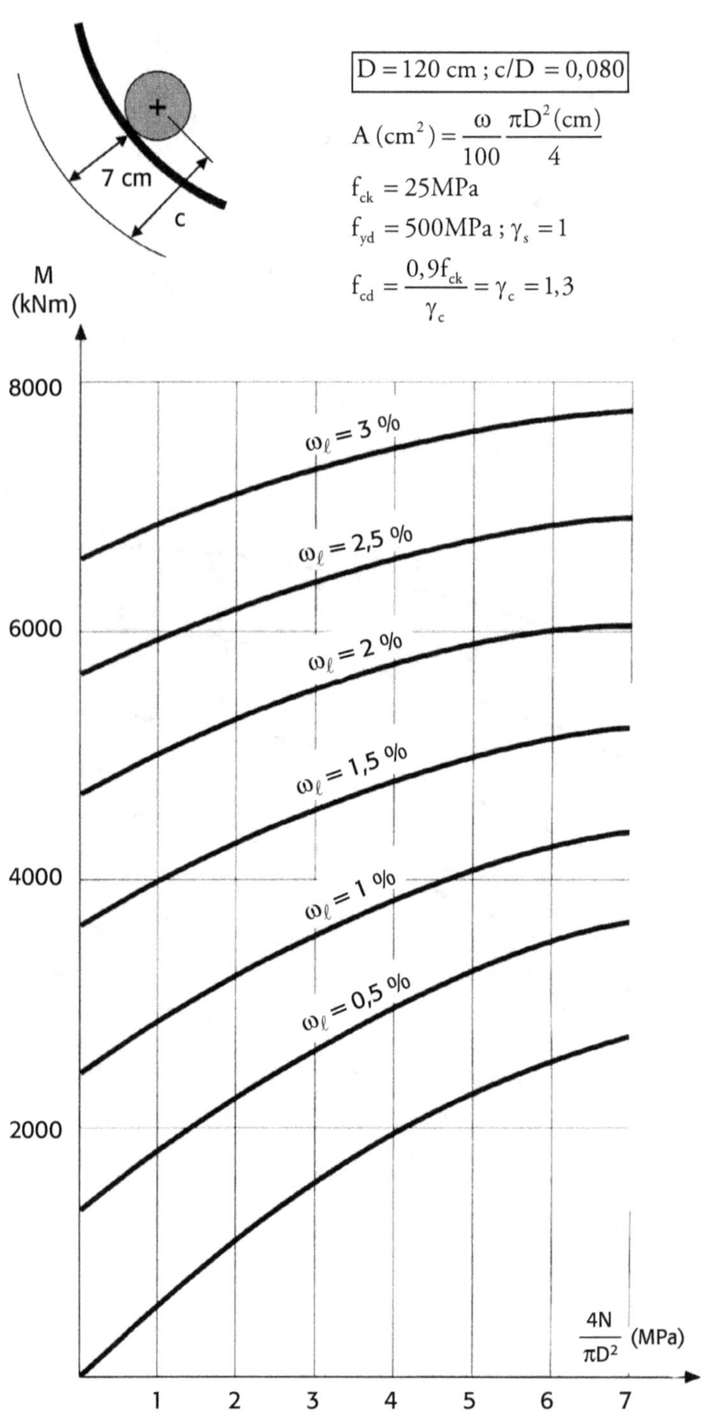

Abaque C.5 Calcul des pieux en flexion composée D = 120 cm

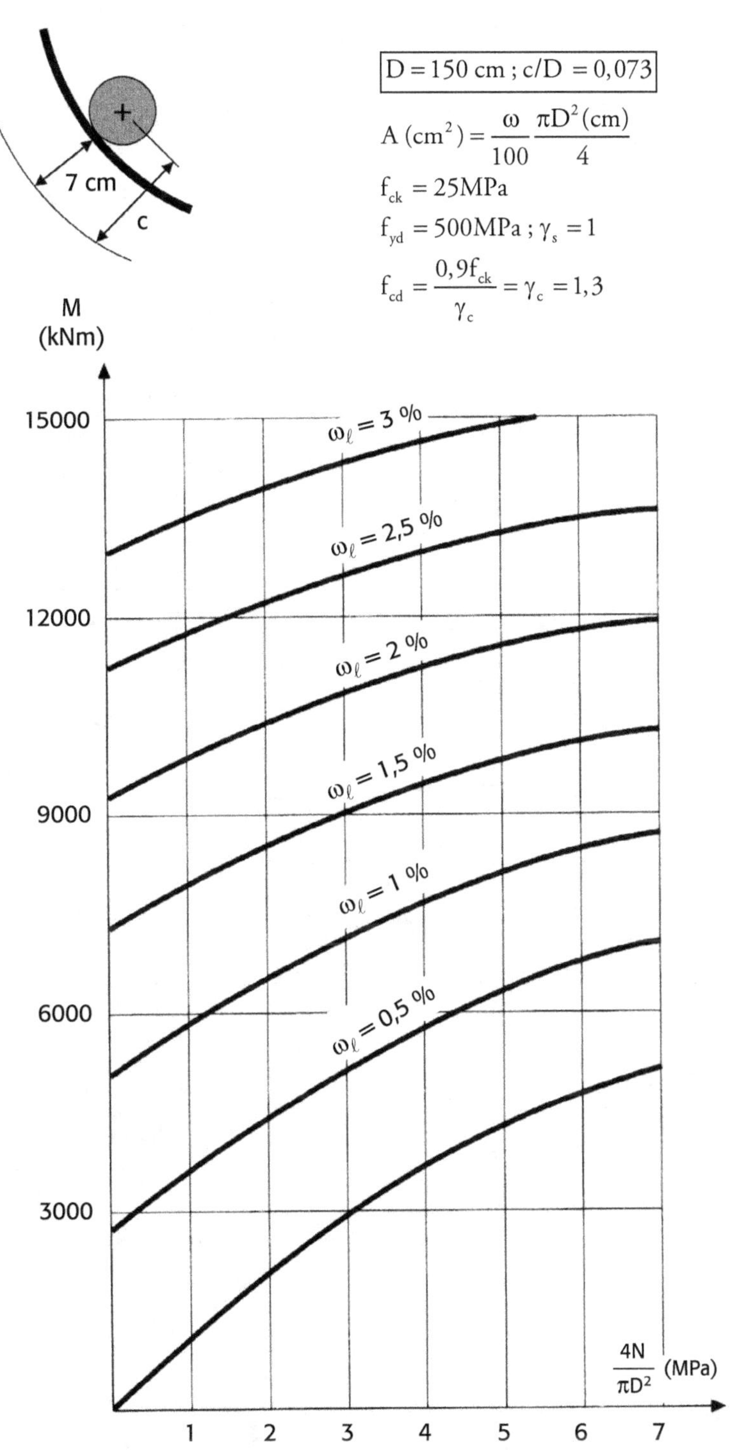

$$A\,(\mathrm{cm}^2) = \frac{\omega}{100}\,\frac{\pi D^2\,(\mathrm{cm})}{4}$$

$$f_{ck} = 25\,\mathrm{MPa}$$

$$f_{yd} = 500\,\mathrm{MPa}\;;\;\gamma_s = 1$$

$$f_{cd} = \frac{0,9 f_{ck}}{\gamma_c} = \gamma_c = 1,3$$

Abaque C.6 Calcul des pieux en flexion composée D = 150 cm

D   Raideurs d'une fondation superficielle

Gazetas (1998) rappelle un certain nombre de formule dont le but est de déterminer les raideurs de fondations de toutes formes.

1.   Fondation circulaire sur une couche reposant sur une couche rocheuse ou plus raide [4]

Il donne les formules suivantes, adaptés de Kausel *et al.*, pour une fondation circulaire sur une couche de sol reposant sur une base rigide ; ainsi que pour une couche qui repose elle-même sur une couche plus raide ($G_2 \geq G_1$), adaptées des travaux de Hadjian et Luco :

Couche reposant sur un lit rocheux	Couche reposant sur une couche plus raide
$0 \leq \dfrac{G_1}{G_2} \leq 1$	

Type de chargement	Raideur statique	Raideur statique
Vertical	$K_v = \dfrac{4GR}{1-v}\left(1+1,28\dfrac{R}{H}\right)$ $H/R > 2$	$K_v = \dfrac{4G_1R}{1-v_1}\dfrac{\left(1+1,28\dfrac{R}{H}\right)}{\left(1+1,28\dfrac{R}{H}\dfrac{G_1}{G_2}\right)}$ $1 \leq H/R < 5$
Horizontal	$K_h = \dfrac{8GR}{2-v}\left(1+\dfrac{R}{2H}\right)$ $H/R > 1$	$K_h = \dfrac{8G_1R}{2-v_1}\dfrac{\left(1+\dfrac{R}{2H}\right)}{\left(1+\dfrac{R}{2H}\dfrac{G_1}{G_2}\right)}$ $1 \leq H/R < 4$
Balancement	$K_\Phi = \dfrac{8GR^3}{3(1-v)}\left(1+\dfrac{R}{6H}\right)$ $4 \geq H/R > 1$	$K_\Phi = \dfrac{8G_1R^3}{3(1-v_1)}\dfrac{\left(1+\dfrac{R}{6H}\right)}{\left(1+\dfrac{R}{6H}\dfrac{G_1}{G_2}\right)}$ $0,75 \leq H/R < 2$
Torsion	$k_R = \dfrac{16GR^3}{3}$ $H/R \geq 1,25$	/

Pour H/R < 2 ou 1 ces expressions fournissent tout de même des estimations raisonnables pour les raideurs.

2. Semelle filante sur une couche reposant sur un lit rocheux [4]

Pour une semelle filante sur une couche de sol reposant sur une base rigide il donne les formules suivantes :

Type de chargement	Raideur statique (par unité de longueur)	Validité de la formule*	Profil du sol
Vertical	$K_v = \dfrac{1,23G}{1-v}\left(1+3,5\dfrac{B}{H}\right)$	$1 \leq H/B \leq 10$	
Horizontal	$K_h = \dfrac{2,1G}{2-v}\left(1+\dfrac{2B}{H}\right)$	$1 \leq H/B \leq 8$	
Balancement	$K_\Phi = \dfrac{\pi GB^2}{2(1-v)}\left(1+\dfrac{B}{5H}\right)$	$1 \leq H/B \leq 3$	

B représente la demi-largeur de la semelle filante.

* En dehors de ces valeurs les expressions fournissent tout de même des estimations raisonnables pour les raideurs.

E   Vérifications relatives à l'intégrité des inclusions rigides (STR)

(Extrait du guide AFPS « Procédés d'amélioration et de renforcement de sols sous actions sismiques »)

Les contraintes normales extrêmes dans les inclusions rigides sollicitées en flexion composée (effort axial N et moment de flexion M) sont alors données par la formule suivante :

$$\sigma = \frac{N}{S} \pm \frac{M}{I/v}$$

où pour une section entièrement comprimée :

$$S = \pi\frac{B^2}{4} \text{ et } I = \pi\frac{B^4}{64} \qquad v = \frac{B}{2}$$

Les approches ASIRI sont applicables pour évaluer les efforts en tête d'inclusion. Selon l'approche simplifiée par excès de l'annexe H, il est possible d'évaluer les efforts de cisaillement au niveau de la tête des inclusions au prorata de la répartition des contraintes verticales en compression, respectivement :

- σ_{cb} dans l'inclusion rigide ;
- et σ_s hors emprise de ces inclusions rigides d'autre part.

Ils ne s'appliquent donc que sur les sols ou sur les inclusions rigides travaillant en compression, en particulier en cas de moments de renversement s'appliquant sur la semelle.

Dans le cas d'une semelle soumise à un torseur (N_{Ed}, M_{Ed}, V_{Ed}), seules les inclusions sollicitées en compression sont prises en compte dans la vérification.

E.1   Compression

La vérification de la contrainte à la compression se fait conformément aux recommandations ASIRI. Pour les vérifications sismiques, la valeur du coefficient partiel de sécurité sur le béton g_c est égale à 1.30 (selon EC8 AN clause 5.2.4 (3), note 2).

E.1.1   Inclusion béton mortier coulis

*** Caractéristiques mécaniques des inclusions rigides (STR)**

Les inclusions rigides sont caractérisées par :
- le module d'Young E_Y sous charges de longue et de courte durée d'application ;
- la résistance à la compression ;
  - f_{ck}^* résistance caractéristique à la compression du béton du coulis ou mortier d'une inclusion déterminée à partir de la formule suivante :

$$\checkmark \quad f_{ck}^* = \inf\left(f_{ck}(t)\,;\,C_{max}\,;\,f_{ck}\right)\frac{1}{k_1 k_2}$$

*** Définition de f_{cd}**

En cas de mise en œuvre de béton ou de coulis, la valeur caractéristique de calcul f_{cd} du matériau est définie selon la norme d'application nationale de l'Eurocode 7 (N FP 94 262 « Fondations profondes ») ou selon les cahiers des charges particuliers:

$$f_{cd} = \text{Min}\left(\alpha_{cc}k_3\frac{f_{ck}^*}{\gamma_C}\,;\,\alpha_{cc}\frac{f_{ck}(t)}{\gamma_c}\,;\,\alpha_{cc}\frac{C_{max}}{\gamma_c}\right)$$

avec :
- α_{cc} : coefficient qui dépend de la présence ou non d'une armature (armé = 1, non armé = 0,8) ;
- C_{max} tient compte de la consistance qu'il est nécessaire de donner au béton, coulis ou mortier frais suivant la technique utilisée selon le tableau de la figure 1.45 ;
- k_1 et k_2 : fonctions respectivement de la méthode de forage et de l'élancement ;
- γc : coefficient partiel de sécurité sur le béton avec
    - $\gamma c = 1,3$ pour les sollicitations sismiques
    - $\gamma c = 1,2$ pour les sollicitations accidentelles telles que des chocs de véhicules, chocs de bateaux, cyclones…
    - $\gamma c = 1,5$ pour les situations durables et transitoires
- $f_{ck}(t)$: la résistance caractéristique du béton à t jours (3 < t < 28 jours) avec (selon EC2 art. 3.1.2 (5) et (6))

$$f_{ck}(t) = \beta_{cc}(t)*\left(f_{ck}+8MPa\right)-8MPa$$

et

$$\beta_{cc} = e^{s\left[1-\left(\frac{28}{t}\right)^{1/2}\right]}$$

où :

$$s = \begin{cases} 0.20 \text{ pour les ciments de classe de résistance CEM 42.5R, CEM 52.5N et CEM 52.5R} \\ 0.25 \text{ pour les ciments de classe de résistance CEM 32.5R, CEM 42.5 N} \\ 0.38 \text{ pour les ciments de classe de résistance CEM 32.5 N} \end{cases}$$

- Pour $t \geq 28$ jours, $f_{ck}(t) = f_{ck}$.

* Définition de k_3

k_3 est fonction du type de contrôle effectué selon le tableau E.1 ci-dessous

Tableau E.1 Valeur de k_3

Valeurs de k_3	Sans essai (a)	Avec essais de réflexion ou d'impédance (a)	Avec essais de qualité	Avec essais de portance	Avec essais de contrôle renforcé (b)
Domaine 1 (inclusions nécessaires à la stabilité)	*	0,75	**	1,2	1,4
Domaine 2 (inclusions non nécessaires à la stabilité)	0,65	0,85	1,4	1,5	1,7

(*) Dans le domaine 1, les essais de réflexion ou d'impédance sont obligatoires.

(**) Dans le domaine 1, les essais de chargement sont nécessairement, à minima, des essais de portance.

(a) Cas réservés aux opérations de faible importance (cf ASIRI chapitre VIII §2.2 et § 4.1).

(b) Cette situation implique que soient réalisés en complément des essais de portance, des essais de contrôle renforcé au sens de la norme NF P 94 262 avec les fréquences associées.

Les coefficients du tableau E.1 ne se combinent pas. Par exemple dans le cas où sont réalisés à la fois des essais de portance et des essais de réflexion ou d'impédance, le coefficient k_3 à appliquer est 1,2 pour le domaine 1 et 1,5 pour le domaine 2.

On rappelle les définitions suivantes (cf. recommandations ASIRI chapitre VIII : «Contrôles») :

- essai de qualité : essai de chargement statique à la valeur maximale ;
- essai de portance : essai de chargement statique à la valeur maximale ;
- essai de contrôle renforcé : au sens de la norme d'application nationale de l'Eurocode 7 « Fondations profondes », NF P 94 262, lorsqu'ils sont applicables.

Exemple :

- Cas d'un ouvrage de faible importance totalisant 1 500 ml d'inclusions dont aucune n'est l'objet d'un essai de chargement. Les inclusions du domaine 1 sont nécessairement contrôlées par des essais de réflexion ou d'impédance et sont affectées d'un coefficient $k_3=0,75$. Les inclusions du domaine 2 sont affectées d'un coefficient $k_3=0,65$ si elles ne sont pas l'objet d'essai de réflexion ou d'impédance et d'un coefficient $k_3= 0,85$ dans le cas contraire.

* Contrainte admissible du matériau constitutif de l'inclusion rigide

Sous sollicitations sismiques, la contrainte admissible est limitée à a minima (7 MPa ; f_{cd} ; $0,9\ f_c\ /1,30$).

E.1.2 Pour les matériaux métalliques

Les contraintes maximales admissibles du matériau sont celles de l'Eurocode 3.

E.2 Flexion composée

Dans le cas d'inclusions participant à la portance de l'ouvrage sous sollicitations sismiques, on vérifie alors que les contraintes générées dans toutes les sections des inclusions respectent les limitations suivantes :

- aucune contrainte de traction dans les inclusions non armées quel que soit le cas de charge dans le domaine n° 1 [où elles participent à la stabilité de l'ouvrage (cf. § 5.8.2.1)] ;
- les inclusions comme les pieux doivent en principe être dimensionnés pour demeurer élastiques.

Les inclusions sont à vérifier en tenant compte des actions N_{Ed}, V_{Ed}, M_{Ed} concomitantes communiquées par le bureau d'études.

E.3 Cisaillement

La vérification de la contrainte au cisaillement se fait conformément aux recommandations ASIRI.

Pour les vérifications sismiques, le coefficient partiel relatif au béton γ_c est égal à 1,3 ; celui de l'acier, γ_s vaut 1,0.

Les contraintes de cisaillement dans les inclusions rigides sollicitées en effort tranchant sont alors données dans les chapitres suivants :

E.3.1 Cas d'une inclusion armée

Les contraintes de cisaillement sont vérifiées conformément à l'Eurocode 2 et à la NF P 94-262.

E.3.2 Cas d'une inclusion non armée

On doit vérifier : $t_{cp} < f_{cvd}$ avec :
- $s_{clim} = f_{cd} - 2\,[f_{ctd} \cdot (f_{ctd} + f_{cd})]^{0,5}$;
- $s_{cp} = N_u / S_{comp}$;
- $t_{cp} = 1,5\,V_{ed} / S_{comp}$;
- $F_{tm} = 0,3\,f_c^{*(2/3)}$;
- f_{ctd} = résistance de calcul en traction = = $a_{ct,pl} \cdot f_{ctk,0.05} / g_c$
    - $\alpha_{cpl} = 0,8$,
    - $\gamma_c = 1,3$,
    - $f_{ctk,0.05} = 0,7.f_{ctm} = 0,7.0,3.(f^*_{ck})^{2/3}$,
    - $f_{ctk0.05} / 1,5$ avec $\alpha = 0,8$,
- f_{cd} = résistance de calcul en compression ;
- f_{cvd} = résistance de calcul en cisaillement ;
- si $\sigma_{cp} < \sigma_{clim}$: $f_{cvd} = (f_{ctd}^2 + s_{cp}.f_{ctd})^{0,5}$;
- sinon : $f_{cvd} = (f_{ctd}^2 + \sigma_{cp}.f_{ctd} - [(\sigma_{cp} - \sigma_{clim})/2]^2)^{0,5}$.

f_{ck}	f_{cd}	f_{cm}	$fc_{tk0.005}$	fctd	f_{ctd}/f_{ck}	f_{cdpl}	σ_{clim}	σ	$\tau = f_{cvdv}$
	$0,8*fc/1,5$	$0,3*fck^{(2/3)}$	$0.7*fcm$	$\alpha ct*fc_{tk0.05}/1.5$					
12,00	6,40	1,57	1,10	0,59	0,05	6,40	2,35	0,00	0,59
12,00	6,40	1,57	1,10	0,59	0,05	6,40	2,35	1,00	0,97
12,00	6,40	1,57	1,10	0,59	0,05	6,40	2,35	2,00	1,23
12,00	6,40	1,57	1,10	0,59	0,05	6,40	2,35	3,00	1,41
12,00	6,40	1,57	1,10	0,59	0,05	6,40	2,35	3,60	1,44
12,00	6,40	1,57	1,10	0,59	0,05	6,40	2,35	3,60	0,14
12,00	6,40	1,57	1,10	0,59	0,05	6,40	2,35	4,00	0,14
12,00	6,40	1,57	1,10	0,59	0,05	6,40	2,35	5,00	0,12
12,00	6,40	1,57	1,10	0,59	0,05	6,40	2,35	6,00	0,07
12,00	6,40	1,57	1,10	0,59	0,05	6,40	2,35	6,40	0,00
15,00	8,00	1,82	1,28	0,68	0,05	8,00	3,14	0,00	0,68
15,00	8,00	1,82	1,28	0,68	0,05	8,00	3,14	1,00	1,07
15,00	8,00	1,82	1,28	0,68	0,05	8,00	3,14	2,00	1,35
15,00	8,00	1,82	1,28	0,68	0,05	8,00	3,14	3,00	1,58
15,00	8,00	1,82	1,28	0,68	0,05	8,00	3,14	3,50	1,68
15,00	8,00	1,82	1,28	0,68	0,05	8,00	3,14	4,00	1,73
15,00	8,00	1,82	1,28	0,68	0,05	8,00	3,14	4,50	1,75
15,00	8,00	1,82	1,28	0,68	0,05	8,00	3,14	4,50	0,18
15,00	8,00	1,82	1,28	0,68	0,05	8,00	3,14	5,00	0,17
15,00	8,00	1,82	1,28	0,68	0,05	8,00	3,14	6,00	0,16
15,00	8,00	1,82	1,28	0,68	0,05	8,00	3,14	7,00	0,12
15,00	8,00	1,82	1,28	0,68	0,05	8,00	3,14	8,00	0,00
20,00	10,67	2,21	1,55	0,83	0,04	10,67	4,51	0,00	0,83
20,00	10,67	2,21	1,55	0,83	0,04	10,67	4,51	1,00	1,23
20,00	10,67	2,21	1,55	0,83	0,04	10,67	4,51	2,00	1,53
20,00	10,67	2,21	1,55	0,83	0,04	10,67	4,51	3,00	1,78
20,00	10,67	2,21	1,55	0,83	0,04	10,67	4,51	3,40	1,87
20,00	10,67	2,21	1,55	0,83	0,04	10,67	4,51	3,40	1,87
20,00	10,67	2,21	1,55	0,83	0,04	10,67	4,51	4,00	2,00
20,00	10,67	2,21	1,55	0,83	0,04	10,67	4,51	5,00	2,18
20,00	10,67	2,21	1,55	0,83	0,04	10,67	4,51	6,00	2,25
20,00	10,67	2,21	1,55	0,83	0,04	10,67	4,51	6,00	0,23
20,00	10,67	2,21	1,55	0,83	0,04	10,67	4,51	7,00	0,22
20,00	10,67	2,21	1,55	0,83	0,04	10,67	4,51	8,00	0,21
20,00	10,67	2,21	1,55	0,83	0,04	10,67	4,51	9,00	0,18
20,00	10,67	2,21	1,55	0,83	0,04	10,67	4,51	10,00	0,12
20,00	10,67	2,21	1,55	0,83	0,04	10,67	4,51	10,67	0,00
25,00	13,33	2,56	1,80	0,96	0,04	13,33	5,93	0,00	0,96
25,00	13,33	2,56	1,80	0,96	0,04	13,33	5,93	1,00	1,37
25,00	13,33	2,56	1,80	0,96	0,04	13,33	5,93	2,00	1,68
25,00	13,33	2,56	1,80	0,96	0,04	13,33	5,93	3,00	1,95
25,00	13,33	2,56	1,80	0,96	0,04	13,33	5,93	4,00	2,18
25,00	13,33	2,56	1,80	0,96	0,04	13,33	5,93	5,00	2,39
25,00	13,33	2,56	1,80	0,96	0,04	13,33	5,93	6,00	2,58
25,00	13,33	2,56	1,80	0,96	0,04	13,33	5,93	7,00	2,71
25,00	13,33	2,56	1,80	0,96	0,04	13,33	5,93	7,50	2,74
25,00	13,33	2,56	1,80	0,96	0,04	13,33	5,93	7,50	0,27
25,00	13,33	2,56	1,80	0,96	0,04	13,33	5,93	8,00	0,27
25,00	13,33	2,56	1,80	0,96	0,04	13,33	5,93	9,00	0,27
25,00	13,33	2,56	1,80	0,96	0,04	13,33	5,93	10,00	0,25
25,00	13,33	2,56	1,80	0,96	0,04	13,33	5,93	11,00	0,22
25,00	13,33	2,56	1,80	0,96	0,04	13,33	5,93	12,00	0,18
25,00	13,33	2,56	1,80	0,96	0,04	13,33	5,93	13,00	0,09

III SECTION 12 STRUCTURE EN BETON NON ARME OU FABLEMENT ARME

Valable pour pieu $\phi > 400$ mm sans effet dynamique et si $N_{ed}/Ac < 0.3\ f_{ck,}$ 10% au-dela

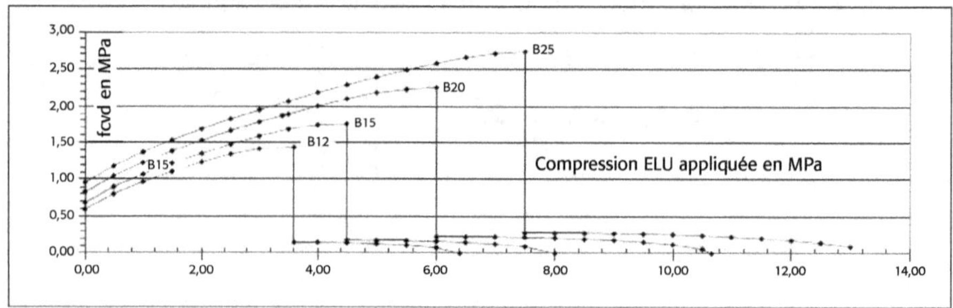

Figure E.1 Valeur de f_{cd}

E.3.2.1 Application au domaine 1

Dans le domaine 1, le cisaillement est vérifié conformément à la section 12.6.3 de la norme NF EN 1992-1-1.

Toutefois, conformément au § 12.3.1(8) de cette norme, lorsque à l'ELU $NEd/A_c > 0,3f^*_{ck}$, il convient de vérifier :

$$t_{cp} < f_{cvd}/10$$

Conformément au § 12.3.1(8) de la norme NFP 94-262, dans le domaine 1, aucun cisaillement n'est admissible si le diamètre de l'inclusion est inférieur à 400 mm.

Sous réserve de calculer la transmission des efforts horizontaux conformément à la méthode décrite en annexe F sans diminution, on peut ramener cette limite à 300 mm.

E.3.2.2 Application au domaine 2

Dans le domaine 2, il n'y a normalement pas lieu de vérifier le cisaillement.

F   Retours d'expériences

Tableau F.1 Boulanger et al. (1997)

No	Site	Lieu	Méthode de traitement	Tremblement de terre	Accélér. max.	Dégâts
1	Compagnie de pétrole japonaise	Niigata	Vibrocompactage	1964 Niigata	0,16 g	Aucun mineur
2	Immeuble NTT	Niigata	Vibrocompactage	1964 Niigata	0,16 g	$S_{max} \approx 0,5$ m
3	Usine de papier Groupe (I) Groupe (II)	Hachinobe	Vibrocompactage	1968 Tokachioki	0,225 g	(I) Aucun (II) $S_{max} \approx 0,4$ m
4	Groupe de réservoirs d'essence	Ishinomaki Port	Pieux pour sable compact	1978 Miyagiken oki	0,18 g	Aucun
5	Clinique médicale/ dentaire	Treasure Island CA	Colonnes ballastées bottom feed	1989 Loma Pietra	0,16 g	Aucun
6	Immeuble 450	Treasure Island CA	Pieux pour sable compact	1989 Loma Pietra	0,16 g	Aucun
7	Installations 487-489	Treasure Island CA	Vibro compactage	1989 Loma Pietra	0,16 g	Fissures mineures au sol de l'immeuble 487
8	Approche de la jetée 1	Treasure Island CA	Colonnes ballastées bottom feed	1989 Loma Pietra	0,16 g	Aucun
9	Quais (6 lieux)	Port of Kushiro	Drains de gravier	1993 Kushiro oki	0,47 g	Aucun et désordres allant de $S_{max} \approx 20\text{-}40$ mm
10	Usine de filtration Jensen	Northbridge CA	Drains de sable	1994 Northbridge	0,98 g	Fissures jusqu'à 80 mm Décalages jusqu'à 200 mm
11	Entrepôts (5 immeubles)	Port Island Kobe	Compactage par pilonnage	1995 Hyogo Ken Nanbu	0,34 g	Aucun et désordres allant jusqu'à des décalages de 100 mm
12	Parc d'attractions	Port Island Kobe	Compactage par pilonnage	1995 Hyogo Ken Nanbu	0,34 g	Aucun et des fissures jusqu'à 25 mm et cratère de sable le long du côté sud
13	Petit immeuble	Port Island Kobe	Compactage par pilonnage	1995 Hyogo Ken Nanbu	0,34 g	$S_{diff} \approx 150$ mm à côté de l'immeuble
14	Brise lames	Zone de Nishinomiya	Pieux pour sable compact	1995 Hyogo Ken Nanbu		$S_{max} \approx 1\text{-}2$ m

Tableau F2 Performance des sols améliorés durant le tremblement de terre de 2001 à Nisqually
(A. Hoesler & M. Koeling, 2004)

Nom du site	Latitude, longitude, ville	Méthode d'amélioration	Projet	Fondations	Propriétés après amélioration
ASARCO Fonderie de Tacoma OCF	N 47.29937 W 122.51022 Ruston WA	Compactage dynamique profond sous une empreinte de berme	Digues du bassin de rétention	N/a (remblai de terre)	Supérieur à 2m très dense, compactage pas aussi efficace dans la couche de limon, augmenté à $N_{1.60cs}$ = 1-13 bpf supérieur à 5 m
Dôme de stockage Ash Grove Cement Co	N 47.56950 W 122.34047 Seattle WA	Colonnes ballastées jusqu'à 7 m de prof., 3 m de radié circulaire	Anneau de fondation du dôme de stockage	Anneau superficiel	Pas de donnée quantitative disponible, amélioration efficace pour densifier le sable meuble
AT&T Wireless Services Tower	N 47.19768 W 122.21335 Summer WA	Colonnes ballastées jusqu'à 10 m de prof., et 5 m débord	Base de la tour de transmission	Tapis superficiel	N=4-28 bpf, moyenne augmentée de 5 bpf
Pont de la 1re avenue	N 47.54 W 122.34 Seattle WA	Drains de graviers (colonnes ballastées) jusqu'à 12,2 m de profondeur	Mur de terre structurel pour pont	Tapis de mur MSE	Aucune donnée disponible
Home Depot	N 47.57952 W 122.33575 Seattle WA	Colonnes ballastées jusqu'à 8 m, extension latérale limitée	Plan de renforcement immeuble commercial	Semelles superficielles	N=23-28 bpf, CPT q_c=80-100 tsf entre les colonnes
Klickitat Avenue Overcrossing	N 47.57623 W 122.35624 Seattle WA	Colonnes ballastées jusqu'à 12.2 m de prof. sous l'empreinte du mur	Mur d'approche traversant MSE	Tapis de mur MSE	Aucune donnée disponible
Lake Chaplain South Dam	N 47.94452 W 122.82931 Sultan WA	Colonnes ballastées jusqu'à 18 m, 15 m par 52 de surface au pied du barrage	Pied du barrage en terre	N/a barrage en terre	BPT effectué mais données non fournies ; densification adéquate atteinte
Pont Novelty	N 47.70918 W 122.99651 Duvall WA	Colonnes ballastées sous les palplanches à 4 m de profondeur	Pont à culée	Combiwall	N = 8-23 bpf
Jetée 86 Grain Terminal	N 47.63683 W 122.37202 Seattle WA	Vibrocompactage jusqu'à 8,5 m de profondeur, extension latérale non précisée	Silo à grains	Superficiel	Densité relative de 85% et capacité de portance de 383 kPa (8 000 psf)
Site A	Seattle WA	Colonnes ballastées jusqu'à 12 m de profondeur sous la poutre de fondation et la semelle		Semelles superficielles et bandes	CPT q_c augmente de 40 à 80 tsf

MSE : *Mechanically Stabilized Earth*

Tableau F.3 Données des tremblements de terre (Hoesler & Koeling, 2004)

Nom du site	Distance de l'épicentre	Plus fortes données PGA et IA enregistrées	Performance des zones améliorées	Performance des zones non améliorées proches	Références
ASARCO Fonderie de Tacoma OCF	31 km NO	6 km SE, de UW Univ of Puget Sound, à station de Tacoma (Qvt) 0,06 g NS PGA; 46,2 cm/s EO AI	Pas de glissement de sol ou de signe de liquéfaction	Perte d'enrochement et scories dans la baie à marée basse à 1km du site	Doughton (1999) Hydrometrics (1997, 2000) Kennedy/Jenks (non daté)
Dôme de stockage Ash Grove Cement Co	74 km N	4 km NE ; de UW à Kimball Elementary (Qvt) ; 0,135 g EO PGA ; 21,6 cm/s EO AI	Pas de glissement de sol ou de signe de liquéfaction fissures mineures du dôme	Signes de liquéfaction dans des zones réhabilités à moins de 3 km du site	AGI Technologies (1997)
AT&T Wireless Services Tower	55 km N	15 km S ; de la circonscription Est du sherif à Puyallup (Qvr) ; 0,21 g NS PGA ; 50,75 cm/s EO AI	Pas de glissement de sol ou de signe de liquéfaction	Pas de glissement de sol ou de signe de liquéfaction	AGRA Earth and Environmental Inc. (1998)
Pont de la 1ère avenue	71 km N	7 km N de UW à Kimball Elementary (Qvt) ; 0,135 g EO PGA ; 21,6 cm/s EO AI	Pas de glissement de sol ou de signe de liquéfaction	Pas de glissement de sol ou de signe de liquéfaction	Shannon & Wilson (1994)
Home Depot	76 km N	3,5 km NE, de UW Univ of Puget Sound, à station de Tacoma (Qvt) 0,06 g NS PGA; 46,2 cm/s EO AI	Pas de glissement de sol ou de signe de liquéfaction, pas de dommage structurel	Fissures au sol au bord de la zone améliorée, preuve de liquéfaction à moins d'i km du site et dégâts à la maçonnerie en briques des immeubles proches	Campbell & Koelling (1993), Scott (1992) Hayward Backer (non daté)
Klickitat Avenue Overcrossing	74 km N	3 km O ; de USGS à caserne pompiers Est Seatlle (Qvt) ; 0.146 g PGA	Pas de glissement de sol ou de signe de liquéfaction, pas de dommage au mur	Preuve de liquéfaction à moins de 2 km du site	Shannon & Wilson (1994)
Lake Chaplain South Dam	152 km N	9 km S ; de UW à sous station Monroe; 0,155 g NS PGA ; 19,4 cm/s NS AI	Pas de glissement de sol ou de signe de liquéfaction, pas d'augmentation de la turbidité	Fissures dans la maçonnerie en brique au niveau de la structure d'entrée	Bakke *et al.* (non daté)

(Suite)

Tableau F.3 (suite)

Nom du site	Distance de l'épicentre	Plus fortes données PGA et IA enregistrées	Performance des zones améliorées	Performance des zones non améliorées proches	Références
Pont Novelty	114 km N	30 km S ; de UW à sous station Monroe; 0,155 g NS PGA ; 19,4 cm/s NS AI	Pas de glissement de sol ou de signe de liquéfaction	Pas de glissement de sol ou de signe de liquéfaction	HWA Geosciences (2000), départ des transports de King Country (1998)
Jetée 86 Grain Terminal	81 km N	2 km E ; de UW à Queen Ann station (Qva) ; 0,114 g NS PGA ; 31,7 cm/s NS AI	Pas de glissement de sol ou de signe de liquéfaction	Pas de glissement de sol ou de signe de liquéfaction	Vibrocompactage Foundation CO. (1970)
Site A	73 km N	1 km E de UW à King County (Qva) ; 0,273 EO PGA ; 76,6 cm/s EO AI	Pas de glissement de sol ou de signe de liquéfaction, pas de dommage structurel	Preuves de liqué-faction sur les pistes et champs proches, fissures sur immeuble adja-cent	GeoEngineers (1999, 2000)

UW : University of Washington

PGA : Peak Ground Acceleration

IA : Arias Intensity

USGS : US Geological Survey

Tableau F.4 Projets sur sols améliorés (séisme de Loma Prieta)

Nom	Localisation	Conditions de sol	Méthode	Année de traitement
Clinique médicale/dentaire	Treasure Island	Remblai hydraulique	Colonnes ballastées	1989
Immeuble de bureaux n° 450	Treasure Island	Remblai hydraulique	Colonnes de sable	1967
Installations 487-489	Treasure Island	Remblai hydraulique	Vibrocompactage	1972
Zone d'approche de la jetée 1	Treasure Island	Remblai hydraulique	Sonde vibrante	1985
Immeuble 453	Treasure Island	Remblai hydraulique	Pieux de bois non structurel	1969
Esplanade extension du rivage est, Marina Bay	Richmond	Remblais de limon sablo-graveleux	Colonnes ballastées	1986
East Bay, parc de condominium	Emeryville	Remblai limoneux	Vibrocompactage	1981
Harbour Bay, Business Park	Alameda	Remblai hydraulique	Compactage dynamique profond	1985
Hanover Properties, Union City	Silty Sand Fill	Dynamique profond	Compactage	1988

(Suite)

Tableau F.4 (Suite)

Nom	Localisation	Conditions de sol	Méthode	Année de traitement
Hôpital Kaiser	San Francisco Sud	Remblai hydraulique	Compactage horizontal statique	1978
Pont de Riverside Avenue	Santa Cruz	Sables et graviers	Injection chimique	1986
Centre de détention pour adultes	Santa Cruz	Remblai limoneux	Compactage dynamique profond	1978

Tableau F.5 Séisme de référence et séisme de Loma Prieta

Nom	Localisation	Distance de l'épicentre (en miles)	Conception de l'accélération (g's)		Bracketed duration (A_0,10 g) (sec)
Clinique médicale/dentaire	Treasure Island	60	0,16	0,35	2,5
Immeuble de bureaux n° 450	Treasure Island	60	0,16	0,43*	2,5
Installations 487-489	Treasure Island	60	0,16	0,43*	2,5
Zone d'approche de la jetée 1	Treasure Island	60	0,16	0,35	2,5
Immeuble 453	Treasure Island	60	0,16	0,45*	2,5
Esplanade Extension du rivage Est, Marina Bay	Richmond	68	0,11	0,35	1,0
East Bay, parc de condominium	Emeryville	60	0,26	0,35	2,0
Harbour Bay, Business Park	Alameda	49	0,25	0,35	4,0
Hanover Properties, Union City	Silty Sand Fill	39	0,16	N/A	3,0
Hôpital Kaiser	San Francisco Sud	51	0,11	N/A	2,0
Pont de Riverside Avenue	Santa Cruz	10	0,45	N/A	15,0
Centre de détention pour adultes	Santa Cruz	10	0,45	0.40	15,0

*Ces projets ont été rendus publics à la fin des années 1960 et le séisme de référence utilisé est celui d'El Centro en 1940 (évalué comme accélération maximale horizontale de 0,43 à 0,45 g)

Tableau F.6 Tableau synthétique du retour d'expériences d'amélioration de sites sismiques aux États-Unis (Mitchell, 2004)

Site n°	Nom	Projet	Fondation	Méthode d'amélioration	Description du sol et propriétés avant amélioration	Propriétés après amélioration	Enregistrement le plus proche	Performance de la zone améliorée	Performance des zones voisines
1	ASARCO Tacoma Fonderie Ruston, WA	Enceinte de confinement remblai	Aucune (structure en terre)	Compactage dynamique profond limité à l'emprise	4 m de sables et graviers sur 1-3 m de silt argileux marin reposant sur dépôts glacières, $N_{1,60cs}$ = 9-12 bpf sur les 5 mètres, GWT 3 m bgs	Les 2 premiers mètres sont très denses, peu d'effets sur la couche silteuse, augmentation de $N_{1,60cs}$ sur les 5 mètres.	6 km SE 0,06 g NS PGA 46,2 cm/s EW AI	Pas de tassement du sol ni de signe de liquéfaction	Pertes de scories et d'enrochements dans la zone de marée basse de la baie à 1 km du site
2	Ash Grove Cimenterie Dôme de Stockage Seattle, WA	Fondation Dome de stockage	Anneau superficiel	Colonnes ballastées de 7 m, 3 m au-delà du périmètre	2-3 m de sable silteux sur 1 m de silt sableux mou sur 12 m de sable fin, lâche à dense $N_{1,60cs}$ = 8-17 bpf, GWT 2-3 bgs	Pas de données numériques disponibles mais la densification du sable était effective.	4 km NE 0,135 g EW PGA 21,6 cm/s EW AI	Pas de tassement du sol ni de signe de liquéfaction ; légères fissures dans le dôme	Signes de liquéfaction sur des zones abandonnées à 3 km du site
3	AT&T Tech. Sans fil Tour Summer, WA	Base de la tour de transmission	Radier superficiel	Colonnes ballastées de 10 m, 5 m au-delà du périmètre	60 cm de silt argileux sur 8 m de sable alluvial lâche à moy. dense sur 15 m de graves sableuses moy. denses. $N_{1,60cs}$ = 1-10 bpf, GWT 3,7 m bgs	$N_{1,60cs}$ = 4-28 bpf, augmentation moyenne de 5 bpf	15 km NE 0,21 g NS PGA 50,7 cm/s EW AI	Pas de tassement du sol ni de signe de liquéfaction	Pas de tassement du sol ni de signe de liquéfaction
4	1re Avenue Pont Seattle, WA	Mur en terre armée	Terre armée	Drains graviers (colonnes ballastées) de 12,2 m	3 m de silt argileux sur 1,5 m de sable fin silteux sur 5,8 m de sable fin pur à silteux, lâche à moy. dense, $N_{1,60cs}$ = 2-17 bpf	Pas de données disponibles	7 km NE 0,135 g EW PGA 21,6 cm/s EW AI	Pas de tassement du sol ni de signe de liquéfaction	Pas de tassement du sol ni de signe de liquéfaction
5	Home depot Seattle, WA	Centre commercial	Semelles superficielles	Colonnes ballastées de 8 m, limitées au périmètre	1,5 m de sable moy. dense sur 6-7 m de sable fin lâche à moy. dense sur du sable dense, $N_{1,60cs}$ = 5-15 bpf, cône pénétro q_c = 30-50 tsf GWT 1,5 m bgs	$N_{1,60cs}$ = 23-28 bpf, cône pénétro q_c = 80-100 tsf entre les colonnes	3,5 km NE 0,06 g NS PGA 46,2 cm/s EW AI	Pas de tassement du sol ni de signe de liquéfaction ou de dommages structurels	Fissures dans le sol à l'angle de la zone améliorée, signe de liquéfaction à 1 km du site, dommages structuraux aux maçonneries en brique

Site n°	Nom	Projet	Fondation	Méthode d'amélioration	Description du sol et propriétés avant amélioration	Propriétés après amélioration	Enregistrement le plus proche	Performance de la zone améliorée	Performance des zones voisines
6	Klickitat Avenue Passage supérieur Seattle, WA	Massif en terre armée	Terre armée	Colonnes ballastées de 12,2 m sous le voile de fondation	3-5 m de sable silteux lâche à moy. dense sur au moins 34 m de sable alluvial lâche à moy. dense, GWT 1,8-3,4 m bgs	Pas de données disponibles	3 km W 0,146 g EW PGA	Pas de tassement du sol ni de signe de liquéfaction, pas de dommages sur le mur	Signes de liquéfaction à 2 km du site
7	Lac Champlain Barrage Sultan, WA	Pied de barrage en terre	Aucune (barrage en terre)	Colonnes ballastées de 18 m sur une surface de 52×15 en pied de barrage	3,7 m de sable silteux sur 12 à 15 m de sable silteux moy. dense, V_s = 202-228 m/s, $N_{1,60cs}$ = 5-12 bpf, GWT 6 m bgs	BPT réalisés mais données non disponibles ; densification effective	9 km S 0,155 g NS PGA 19,4 cm/s NS AI	Pas de tassement du sol ni de signe de liquéfaction, pas d'augmentation de la turbidité	Fissures dans les maçonneries en brique dans les arrivées d'eau
8	Novelty Pont Duvall, WA	Culée de pont	Pieux métal dans l'enceinte palplanches	Colonnes ballastées de 4 m, en dehors du mur de palplanches	2 m de sable silteux sur 5,5 m de sable silteux alluvial lâche à moy. dense sur une couche de sable moy. dense, $N_{1,60cs}$ = 1-9 bpf	$N_{1,60cs}$ = 8-23 bpf	30 km S 0,155 g NS PGA 19,4 cm/s NS AI	Pas de tassement du sol ni de signe de liquéfaction	Pas de tassement du sol ni de signe de liquéfaction
9	Pier 86 Grain Terminal Seattle, WA	Silo à grains	Radier superficiel	Vibroflottation à 8,5 m, extension latérale non spécifiée	Sable lâche sur 8,50 m	Densité relative de 85 % et capacité portante portée à 383 kPa	2 km E 0,114 g NS PGA 31,7 cm/s NS AI	Pas de tassement du sol ni de signe de liquéfaction	Pas de tassement du sol ni de signe de liquéfaction
10	Site A Seattle, WA	Habitation à 2 étages en portique	Semelles isolées et filantes	Colonnes ballastées de 12 m, à l'aplomb des fondation	1,5 m de sable fin silteux lâche sur 24 m d'alluvions dont 15 m d'alluvions grossières moy. denses, $N_{1,60cs}$ = 3-24 bpf , GWT 2-3 m bgs	CPT q_c passe de 40 à 80 tsf	1 km E 0,273 g EW PGA 76,6 cm/s EW AI	Pas de tassement du sol ni de signe de liquéfaction ou de dommages structurels	Signes de liquéfaction sur les pistes et les champs adjacents, fissures dans un bâtiment voisin

Dans la même collection, en coédition Eyrolles/Afnor

Jean-Marie Paillé, *Calcul des structures en béton*, 2e éd., 2013, 744 p.

Jean-Louis Granju, *Introduction au béton armé - Théorie et applications courantes selon l'Eurocode 2*, 2012, 260 p.

Jean Roux, *Pratique de l'Eurocode 2*, 2009, 626 p. *Maîtrise de l'Eurocode 2*, 2009, 338 p.

Collectif APK/Jean-Pierre Muzeau, *La construction métallique avec les Eurocodes. Calcul des bâtiments simples*, 2013, 464 p.
– *Manuel de construction métallique - Extraits des Eurocodes à l'usage des étudiants*, 2012, 256 p.

Yves Benoit, Bertrand Legrand, Vincent Tastet, *Calcul des structures en bois*, 2e éd. 2011, 512 p.

Yves Benoit, Bernard Legrand, Vincent Tastet, *Dimensionner les barres et les assemblages en bois à l'usage des artisans*, 2012, 240 p.

Marcel Hurez, Nicolas Juraszek, Marc Pelcé, *Dimensionner les ouvrages en maçonnerie*, 2009, 326 p.

Xavier Lauzin, *Le calcul des réservoirs en zone sismique*, 2013, 100 p.

Alain Capra, Aurélien Godreau, *Ouvrages d'art en zone sismique*, 2012, 128 p.

Victor Davidovici, Dominique Corvez, Alain Capra, Shahrokh Ghavamian, Véronique Le Corvec, Claude Saintjean, *Pratique du calcul sismique*, 2013, 244 p.

Chez le même éditeur

Léonard Hamburger, *Maître d'œuvre bâtiment. Guide pratique, technique et juridique*, 2e éd. 2013, 388 p.

Pierre-Claude Aïtcin, Sidney Mindess, *Écostructures en béton. Comment diminuer l'empreinte carbone des structures en béton*, 2013, 276 p.

Youde Xiong, *Formulaire de résistance des matériaux*, 2002, 360 p.

Daniel Faisantieu, *Prévention des désordres liés au sol dans la construction*, 2013, 172 p.

Pierre Martin, *Géologie appliquée au BTP*, 2010, 356 p.
– *Géomécanique appliquée au BTP*, 2e éd. 2005, 290 p.
– *Géotechnique appliquée au BTP*, 2008, 382 p.

Serge Milles, Jean Lagofun, *Topographie et topométrie modernes – Tome 1 : Techniques de mesure et de représentation*, 1999, 544 p.
– *Topographie et topométrie modernes – Tome 2 : Calculs*, 1999, 344 p.

Michel Brabant, Béatrice Patizel, Armelle Piègle, Hélène Müller, *Topographie opérationnelle. Mesures. Calculs. Dessins. Implantations*, 2011, 396 p.

Patricia Grelier Wyckoff, *Pratique du droit de la construction, Marchés publics et privés*, 6e éd. 2010, 622 p.

Patrick Gérard, *Pratique du droit de l'urbanisme. Urbanisme réglementaire, individuel et opérationnel*, 6e éd. 2013, 336 p.

Dépôt légal : septembre 2013
N° d'éditeur : 9122
Imprimé en Allemagne par BoD